"十四五"职业教育国家规划教材

首届全国机械行业职业教育优秀教材

U0181796

公差配合 与测量技术

主　编　石　岚

副主编　漆　军　陆　峰　李绍鹏

编　委　漆　军　戴护民　胡晓岳

张　宁　王　涛　石　岚

黄争艳　陆　峰　李绍鹏

复旦大学 出版社

本书是广东省在线精品课程、高等学校在全国性公开课程平台"学银在线"慕课"互换性与测量技术"http://www.xueyinonline.com/detail/232611154 的配套教材。欢迎读者登录学习。

本书配有电子课件，欢迎老师索取:zzjlucky@yeah.net。

前　言

　　本书根据高等职业教育的特点,以生产实际所需的基本知识、基本理论、基本技能为基础,遵循"以应用为目的,以必需、够用为度"的原则而编写。本书采用最新国家标准,内容简明扼要,以工程实例为载体,以真实工作任务为依据整合、序化教学内容,突出实用性和综合性,注重对学生基本技能的训练和综合能力的培养。本书为立体化教材,以"互联网＋教材"的模式开发了配套 AR、VR、微课视频等电子素材,实现了手机 360度分析观察的全新学习方法,丰富了教学资源,实现了教学、教材创新。

　　全书共 9 个学习情境,包括认识互换性、公差、标准化与测量技术,尺寸公差与配合,测量技术基础,几何公差,表面粗糙度及检测,典型零件的公差与配合,常用结合件的公差与检测,圆锥的公差与检测,测量技术实训。

　　本书可作为职业院校教学用书,也可作为成人高校、企业培训教材,也可供有关工程技术人员参考。

　　本书在编写过程中,参考了一些教材,学习汲取了同行的教研成果,并从中引用了一些例题、习题和图表,在此表示衷心的感谢!

　　本书编写人员及分工如下:学习情境 2、4 由广东机电职业技术学院的石岚副教授编写;学习情境 3 由广东机电职业技术学院的戴护民教授编写;学习情境 5 由广东工贸职业技术学院黄争艳老师编写;学习情境 6 和部分动画电子素材由淮北职业技术学院陆峰高级工程师、副教授编写;学习情境 7 由广东机电职业技术学院的胡晓岳教授编写;学习情境 8 由广东机电职业技术学院的漆军教授编写;学习情境 1、附表、部分 VR 等电子素材由广东机电职业技术学院的王涛老师编写及制作;学习情境 9、思政微课等电子素材由广东机电职业技术学院张宁副教授编写及制作;部分动画等电子素材由漯河职业技术学院李绍鹏教授制作。

　　本书是广东省在线精品课程、高等学校在全国性公开课程平台"学银在线"慕课"互换性与测量技术"*http://www.xueyinonline.com/detail/232611154* 的配套教材。

　　全书由广东机电职业技术学院的石岚老师担任主编,并负责全书统稿;漯河职业技术学院李绍鹏副教授负责全书审稿。

　　限于编者水平,书中难免有不当或错漏之处,敬请读者批评指正。

　　本书配有电子课件,欢迎老师索取:*zzjlucky@yeah.net*。

编　者

2020.11

目　录

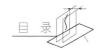

目 录

学习情境 1

认识互换性、公差、标准化与测量技术

项目内容

◇ 认识互换性、公差、标准化与测量技术。

学习目标

◇ 掌握互换性、公差、误差、标准与标准化、测量技术的概念；
◇ 掌握互换性与公差、标准化与互换性的关系；
◇ 培养质量意识以及责任意识、良好的职业行为教育。

能力目标

◇ 了解使用与制造的矛盾及解决方法。

知识点与技能点

◇ 互换性、公差、误差、标准与标准化、测量技术的概念；
◇ 互换性与公差、标准化与互换性的关系。

任 务 引 入

党的二十大指出：必须坚持问题导向。问题是时代的声音，回答并指导解决问题是理论的根本任务。

如图 1-1 所示，自行车的车轮钢线、轮胎、轴承滚珠、链条、脚踏板、螺栓等坏了，买相同规格的零件换上即可正常使用，非

图 1-1　自行车

常方便、快捷。如何知道这些零件可以互换？在设计、生产加工过程中是如何控制的？

相 关 知 识

1.1 互换性与公差

1. 互换性的概念

互换性是指机械产品中同一规格的一批零件或部件，任取其中一件，不需要作任何挑选、调整或附加加工(如钳工修配)就能装到机器(或部件)上，并且达到预定使用性能要求的一种特性。

组成现代技术装置和日用机电产品的各种零件，如电灯泡、自行车、手表、缝纫机上的零件，一批规格为 M10-6H 的螺母与 M10-6g 螺栓的自由旋合。在现代化生产中，一般应遵守互换性原则。

2. 互换性的种类

按互换性的程度，可分为完全互换性(绝对互换)与不完全互换性(有限互换)两类。

(1) 完全互换性　零件在装配或更换时，不限定互换范围，以零部件装配或更换时不需要任何挑选或修配为条件，则其互换性为完全互换性。例如，规格相同的任何一个灯头和灯泡，不论产自哪个厂家，都能装在一起。不用选配，零件有这种规格尺寸和功能上的一致性和替代性，就被认为这些零件具有完全互换性。

(2) 不完全互换性　只允许零件在一定范围内互换。如果机器上某部位的精度愈高，那么要求相配零件的精度也就愈高，致使加工困难、制造成本高。为此，生产中往往把零件的精度适当降低，以便于制造，然后再根据实测尺寸的大小，将制成的相配零件分成若干组，使每组内的尺寸差别比较小，再把相应的零件进行装配。这种仅组内零件可以互换，组与组之间不能互换的互换性，则称之为不完全互换性。除此分组互换法外，还有修配法、调整法，主要适用于小批量和单件生产。

3. 公差

公差是互换性的保证。在生产中由于机床精度、刀具磨损、测量误差、技术水平等因素的影响，即使同一个工人加工同一批零件，也难以要求都准确地制成相同的大小，尺寸之间总是存在着误差，为了保证互换性，就必须控制这种误差。也就是，在零件图上对某些重要尺寸给予一个允许的变动范围，就能保证加工后的零件具有互换性。这种允许尺寸的变动范围称为尺寸公差。

公差是指允许尺寸、几何形状和相互位置误差变动的范围，用以限制加工误差。它是由设计人员根据产品使用性能要求给定的，反映了一批工件对制造精度、经济性的要求，并体现加工难易程度。公差越小，加工越困难，生产成本越高。

4. 加工误差

随着制造技术水平的提高，可以减小加工误差，但永远不能消除加工误差。加工误差分为以下几种。

（1）尺寸误差　指一批工件的尺寸变动量,即加工后零件的实际尺寸和理想尺寸之差,如直径误差、孔距误差等。

（2）形状误差　指加工后零件的实际表面形状对于其理想形状的差异或偏离程度,如圆度、直线度等。

（3）位置误差　指加工后零件的表面、轴线或对称平面之间的相互位置对其理想位置的差异或偏离程度,如同轴度、位置度等。

（4）表面粗糙度　指零件加工表面上具有的较小间距和峰谷所形成的微观几何形状误差。

5. 加工误差与公差

误差是在加工过程中产生的,公差是由设计人员确定的,公差是误差的最大允许值。

6. 互换性的作用

按互换性原则组织生产,是现代生产的重要技术经济原则之一。

从设计方面看,有利于最大限度采用标准件和通用件,可以大大简化绘图和计算工作,缩短设计周期,并便于计算机辅助设计 CAD,这对发展系列产品十分重要。例如,手表在发展新品种时,采用了具有互换性的机芯,不同品种只需要进行外观的造型设计,使设计与生产周期大大缩短。从制造方面看,有利于组织专业化生产,采用先进工艺和高效率的专用设备,提高生产效率,提高产品质量,降低生产成本。从使用、维修方面看,可以减少机器的维修时间和费用,保证机器能连续持久地运转,提高了机器的使用寿命。

1.2　标准化与互换性

1. 标准与标准化

现代化工业生产的特点是规模大,协作单位多,互换性要求高。为了正确协调各生产部门和准确衔接各生产环节,必须有一种协调手段,使分散的、局部的生产部门和生产环节保持必要的技术统一,成为一个有机的整体,以实现互换性生产。标准与标准化正是联系这种关系的主要途径和手段,是实现互换性的基础。

标准是从事生产、建设和商品流通等工作中共同遵守的一种技术依据,由有关方面协调制定,经一定程序批准后,在一定范围内具有约束力。

技术标准是对产品和工程建设质量、规格及检验等方面所作的技术规定,按不同的级别颁布,我国的技术标准分三级:国家标准（GB）、部门或行业标准（专业标准,如 JB）、企业标准。标准按适用领域、有效作用范围和发布权力不同,一般分为:国际标准,如 ISO,IEC 分别为国际标准化组织和国际电工委员会制定的标准;区域标准,如 EN,ANST,DIN 各为欧共体、美国和德国制定的标准;国家标准;行业标准;地方标准或企业标准。

标准化是指制定、贯彻标准的全过程。它是组织现代化生产的重要手段,是国家现代化水平的重要标志之一。机械制造中的几何量测量公差与检测是建立在标准化基础上的,标

准化是实现互换性的前提。

2. 优先数和优先数系

（1）优先数　制定公差标准以及设计零件的结构参数时，都需要通过数值表示。任何产品的参数值不仅与自身的技术特性有关，还直接或间接地影响与其配套系列产品的参数值。例如，螺母直径数值，影响并决定螺钉直径数值以及丝锥、螺纹量规、钻头等系列产品的直径数值。由于参数值间的关联产生的扩散，称为"数值扩散"。为满足不同的需求，产品必然出现不同的规格，形成系列产品。产品数值的杂乱无章会给组织生产、协作配套、使用维修带来困难。故需对数值进行标准化，即为优先数。

（2）优先数系　优先数系是一种以公比为 $\sqrt[40]{10}$ 的近似等比数列。国家标准 GBT321 -2005 与国际标准 ISO 推荐 R5，R10，R20，R40，R80 系列，见表 1-1。其中，推荐的前 4 项为基本系列，R80 为补充系列。$r=5，10，20，40$ 和 80。

表 1-1　优先数系基本系列常用值

R5	R10	R20	R40	R5	R10	R20	R40	R5	R10	R20	R40
1.00	1.00	1.00	1.00			2.24	2.24		5.00	5.00	5.00
			1.06				2.36				5.30
		1.12	1.12	2.50	2.50	2.50	2.50			5.60	5.60
			1.18				2.65				6.00
	1.25	1.25	1.25			2.80	2.80	6.30	6.30	6.30	6.30
			1.32				3.00				6.70
		1.40	1.40		3.15	3.15	3.15			7.10	7.10
			1.50				3.35				7.50
1.60	1.60	1.60	1.60			3.55	3.55		8.00	8.00	8.00
			1.70				3.75				8.50
		1.80	1.80	4.00	4.00	4.00	4.00			9.00	9.00
			1.90				4.25				9.50
	2.00	2.00	2.00			4.50	4.50	10.00	10.00	10.00	10.00
			2.12				4.75				

3. 互换性生产发展简介

互换性标准的建立和发展是随着制造业的发展而逐步完善的。图 1-2 所示反映了互换性的百年发展历史。

1.3　测　量　技　术

测量技术措施是实现互换性的必要条件。如果只有完善的极限与配合标准，而缺乏相应的技术检测方法，那么互换性的生产是不可能实现的。

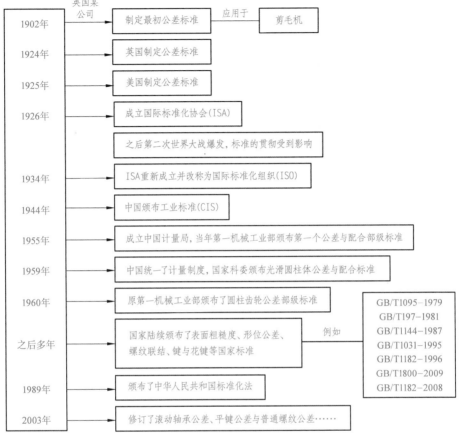

图 1-2　互换性生产的发展史

　　测量技术就是把被测出的量值与具有计量单位的标准量进行比较,从而确定被测量的量值。将测量的结果与图样的要求进行比较,就能判断零件是否合格。凡在公差要求范围内的均为合格零件,凡超出公差要求范围的均为不合格零件。

　　机器制造业中的技术测量对象主要是指:长度、角度、表面粗糙度和形状误差。根据被测量的对象不同,采用的测量方法、选择量具精度和规格、计量单位都有一定的差异。

　　为保证测量的准确度,测量时应注意以下几点:

　　1) 建立统一的计量单位,以确保量值传递准确。

　　2) 拟定正确的测量方法,合理地选择测量量具。

　　3) 正确地处理测量所获得的有关数据。

　　4) 充分地考虑环境因素对测量精度的影响,如温度、湿度、振动和灰尘等因素的影响。

　　测量技术部分主要包括测量基础和测量实验与实训两个方面的内容。

　　测量技术基础主要阐述技术测量原则、测量方法、选用量具和量仪原则,并简述常用常规量具的刻线及刻度原理。

实验与实训主要是结合技术测量的理论知识,介绍一些典型的检测示例。

1-1　什么是互换性?互换性有什么作用?并列举互换性应用实例。

1-2　完全互换性与不完全互换性有何区别?各用于什么场合?

1-3　何谓标准化?标准化有何意义?

1-4　为何采用优先数系?

1-5　简述加工误差与公差的区别与联系。

学习情境 2

尺寸公差与配合

项目内容

◇ 尺寸公差与配合。

学习目标

◇ 掌握尺寸公差与配合的基本术语与定义；

◇ 掌握常用尺寸的公差与配合知识；

◇ 能完成常用零部件公差与配合的选用；

◇ 培养严谨的设计计算态度、质量意识以及责任意识。

能力目标

◇ 学会根据机器和零件的功能要求,选用公差与配合。

知识点与技能点

◇ 尺寸公差与配合的基本术语与定义、公差带图的画法；

◇ 间隙配合、过渡配合、过盈配合的特点以及配合公差概念；

◇ 基孔制、基轴制以及配合选择的基本原则和一般方法；

◇ 标准公差数值表、孔与轴的基本偏差数值表、孔和轴常用公差带的极限偏差表的查表方法；

◇ 公差与配合的选用。

任 务 引 入

党的二十大提出:建设现代化产业体系。坚持把发展经济的着力点放在实体经济上,推

进新型工业化,加快建设制造强国、质量强国、航天强国、交通强国、网络强国、数字中国。实施产业基础再造工程和重大技术装备攻关工程,支持专精特新企业发展,推动制造业高端化、智能化、绿色化发展。

在工程中,如何根据工况条件,合理选择配合处的公差等级和配合性质,解决使用与制造的矛盾?

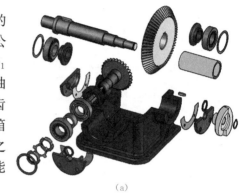

(a)

减速器是工程上常用的部件,如图 2 - 1 所示的圆锥齿轮减速器,根据工况条件,选择以下 4 处的公差等级和配合:①联轴器 1 和输入轴 2 的配合处 Φ_1(联轴器 1 是用精制螺栓连接的固定式刚性联轴器);②带轮 8 和输出轴 11 的配合处 Φ_5;③小锥齿轮 10 和输入轴 2 的配合处 Φ_4;④套杯 4 外径和箱体 6 座孔的配合处 Φ_2。掌握相关知识,理解"差之毫厘,失之千里",明白一丝不苟、严谨的工作态度能够帮助、促进完成工程项目。

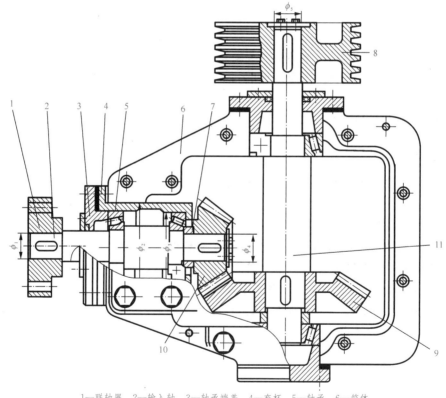

1—联轴器　2—输入轴　3—轴承端盖　4—套杯　5—轴承　6—箱体
7—套筒　8—带轮　9—大锥齿轮　10—小锥齿轮　11—输出轴

(b)

图 2 - 1　圆锥齿轮减速器

相 关 知 识

2.1 基本术语与定义

2.1.1 孔与轴

如图 2-2 所示,孔通常指工件的圆柱形内表面,也包括非圆柱形的内表面(由两个平行平面或切面形成的包容面);轴是指工件的圆柱外表面,也包括非圆柱形的外表面(由两个平行平面或切面形成的被包容面)。

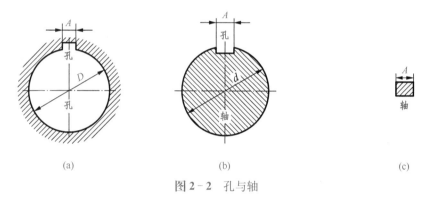

图 2-2 孔与轴

所谓孔(或轴)的含义是广义的。通常孔是指圆柱形内表面,也包括非圆柱形内表面,即包容面(尺寸之间无材料),在加工过程中,尺寸越加工越大;而轴是圆柱形外表面,也包括非圆柱形外表面,即被包容面(尺寸之间有材料),尺寸越加工越小。

2.1.2 尺寸

尺寸是指用特定单位表示长度值的数字。长度值包括直径、半径、宽度、深度、高度和中心距等。在机械制图中,图样上的尺寸通常以 mm 为单位,在标注时常将单位省略,仅标注数值。当以其他单位表示尺寸时,则应注明相应的长度单位。

(1) 公称尺寸(基本尺寸) 公称尺寸是设计给定的尺寸。设计时,根据使用要求,一般通过强度和刚度计算或由机械结构等方面考虑来给定尺寸。公称尺寸一般按照标准尺寸系列选取,常用 D 表示孔的公称尺寸,用 d 表示轴的公称尺寸,如图 2-3(a)所示。

(2) 实际要素(实际尺寸) 实际要素是指通过测量所得的尺寸。由于加工误差的存在,按同一图样要求所加工的各个零件,其实际要素往往各不相同。即使是同一工件的不同位置、不同方向的实际要素也不一定相同,如图 2-3(b)所示。故实际要素是零件上某一位置的测量值,并非零件尺寸的真值,常用 D_a 表示孔的实际要素,用 d_a 表示轴的实际

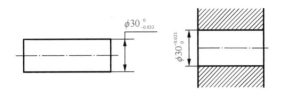
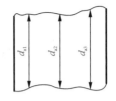
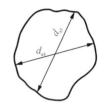

(a) 零件的公称尺寸 　　　　　　　　　　(b) 零件的实际要素

图 2-3　零件的尺寸

要素。

（3）极限尺寸　极限尺寸是指允许尺寸变化的两个界限值。孔或轴允许的最大尺寸称为上极限尺寸（最大极限尺寸），孔或轴允许的最小尺寸称为下极限尺寸（最小极限尺寸）。孔的上和下极限尺寸用 D_{max} 和 D_{min} 表示，轴的上和下极限尺寸用 d_{max} 和 d_{min} 表示。

极限尺寸是根据设计要求而确定的，其目的是为了限制加工零件的尺寸变动范围。若完工的零件，任一位置的实际要素都在此范围内，即实际要素小于或等于上极限尺寸，大于或等于下极限尺寸的零件方为合格（$d_{max} \geqslant d_a \geqslant d_{min}$，$D_{max} \geqslant D_a \geqslant D_{min}$）；否则，为不合格。

2.1.3　偏差

（1）尺寸偏差　某一尺寸减其公称尺寸所得的代数差，称为尺寸偏差（简称偏差）。孔用 E 表示，轴用 e 表示。偏差可能为正或负，亦可为零。

（2）实际偏差　实际要素减其公称尺寸所得的代数差，称为实际偏差。孔用 E_a 表示，轴用 e_a 表示。

由于实际要素可能大于、小于或等于公称尺寸，因此实际偏差也可能为正、负或零值，不论书写或计算时必须带上正或负号。

（3）极限偏差　极限尺寸减其公称尺寸所得的代数差，称为极限偏差。

上极限尺寸减其公称尺寸所得的代数差，称为上极限偏差（ES，es）；下极限尺寸减其公称尺寸所得的代数差，称为下极限偏差（EI，ei）。用公式表示为

孔　　　　　　　　　$ES = D_{max} - D,\ EI = D_{min} - D,$

轴　　　　　　　　　$es = d_{max} - d,\ ei = d_{min} - d。$

上、下极限偏差皆可能为正、负或零。因为上极限尺寸总是大于下极限尺寸，所以，上极限偏差总是大于下极限偏差。由于在零件图上采用公称尺寸加上、下极限偏差的标注，可以直观地表示出公差和极限尺寸的大小，加之对公称尺寸相同的孔和轴，使用上、下极限偏差来计算它们之间相互关系比用极限尺寸更为简便，因此在实际生产中极限偏差应用较广泛。

标注和计算偏差时，极限偏差前面必须加注"＋"或"－"号（零除外）。

2.1.4 公差

1. 尺寸公差

尺寸公差是指允许的尺寸变动量,简称公差,如图 2-4 所示。孔和轴的公差分别用 T_h、T_s 表示,公差、极限尺寸、极限偏差的关系为

孔 $$T_h = D_{max} - D_{min} = ES - EI,$$

轴 $$T_s = d_{max} - d_{min} = es - ei。$$

公差与偏差是两个不同的概念。公差表示制造精度的要求,反映加工的难易程度;而偏差表示与公称尺寸的远离程度,它表示公差带的位置,影响配合的松紧程度。

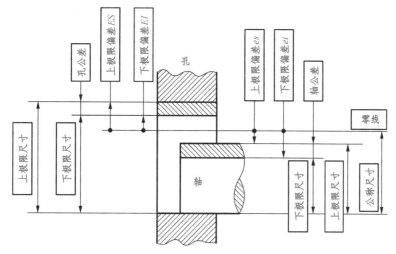

图 2-4 公称尺寸、极限尺寸、极限偏差、公差

2. 公差带及公差带图

公差带表示零件的尺寸相对其公称尺寸所允许变动的范围。用图所表示的公差带,称为公差带图,如图 2-5 所示。

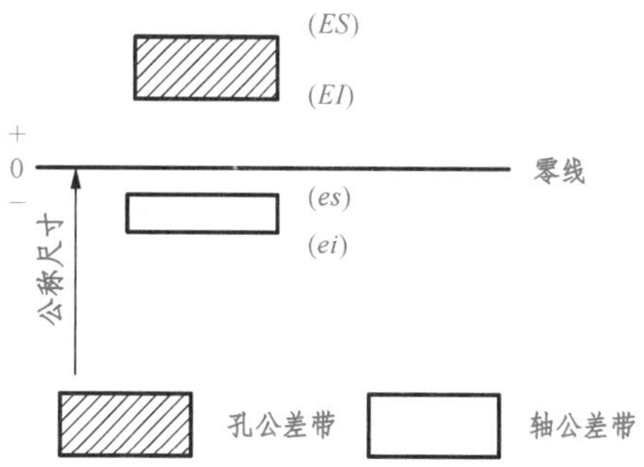

由于公称尺寸与公差值的大小悬殊,不便于用同一比例在图上表示,此时可以不必画出孔和轴的全形,而采用简单的公差带图表示。用尺寸公差带的高度和相互位置表示公差大小和配合性质,它由零线和公差带组成。

图 2-5 公差带图

(1)零线 在公差带图中,零线是确定极限偏差的一条基准线。极限偏差位于零线上方,表示偏差为正;位于零线下方,表示偏差为负;当与零线重合时,表示偏差为零。

（2）公差带　上、下极限偏差之间的宽度表示公差带的大小，即公差值。公差带沿零线方向的长度可适当选取。公差带图中，尺寸单位为毫米（mm），偏差及公差的单位也可以用微米（μm）表示，单位省略不写。

（3）公差带图的作图步骤

① 画零线，标"0"、"＋"、"－"，箭头指向零线表示公称尺寸，并标注公称尺寸。

② 按适当比例画出孔、轴公差带。

③ 标出孔、轴的上、下偏差值，以及其他要求标注的数值。

例 2-1　如图 2-1 所示的锥齿轮减速器，小锥齿轮 10 和输入轴 2 的配合处（ϕ_4），若已知公称尺寸 $D = d = 45$ mm，孔的极限尺寸 $D_{max} = 45.025$ mm，$D_{min} = 45$ mm；轴的极限尺寸 $d_{max} = 44.950$ mm，$d_{min} = 44.934$ mm。现测得孔、轴的实际要素分别为 $D_a = 45.010$ mm，$d_a = 44.946$ mm。求孔、轴的极限偏差、实际偏差及公差，并画出公差带图。

解　孔的极限偏差为

$$ES = D_{max} - D = 45.025 - 45 = +0.025(\text{mm}), EI = D_{min} - D = 45 - 45 = 0。$$

轴的极限偏差为
$$es = d_{max} - d = 44.950 - 45 = -0.050(\text{mm}),$$
$$ei = d_{min} - d = 44.934 - 45 = -0.066(\text{mm})。$$

孔的实际偏差为
$$E_a = D_a - D = 45.010 - 45 = +0.010(\text{mm})。$$

轴的实际偏差为
$$e_a = d_a - d = 44.946 - 45 = -0.054(\text{mm})。$$

孔的公差为
$$T_h = D_{max} - D_{min} = ES - EI = 0.025 \text{ mm}。$$

轴的公差为
$$T_s = d_{max} - d_{min} = es - ei = 0.016 \text{ mm}。$$

公差带图如图 2-6 所示。

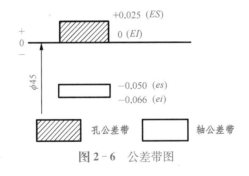

图 2-6　公差带图

2.1.5　配合

1. 配合

配合是指公称尺寸相同的、相互结合的孔与轴公差带之间的关系。配合反映了机器上相互结合零件之间的松紧程度。

2. 间隙或过盈

间隙或过盈是指在孔与轴的配合中,孔的尺寸减去轴的尺寸所得的代数差,其值为正值时称为间隙,用 X 表示;其值为负值时称为过盈,用 Y 表示。

3. 间隙配合

间隙配合是指具有间隙(包括最小间隙为零)的配合。孔的公差带位于轴的公差带之上,通常指孔大、轴小的配合,如图 2-7 所示。

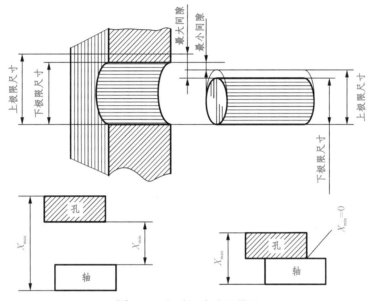

图 2-7　间隙配合公差带图

从图中可知,孔的上极限尺寸(D_{max})减轴的下极限尺寸(d_{min})所得的代数差,或孔的上极限偏差(ES)减轴的下极限偏差(ei)所得的代数差,称为最大间隙,用 X_{max} 表示;孔的下极限尺寸(D_{min})减轴的上极限尺寸(d_{max})所得的代数差,或孔的下极限偏差(EI)减轴的上偏差(es)所得的代数差,称为最小间隙,用 X_{min} 表示;最大间隙与最小间隙的算术平均值称为平均间隙,用 X_m 表示。极限间隙、平均间隙计算公式为

$$X_{max}=D_{max}-d_{min}=ES-ei,\ X_{min}=D_{min}-d_{max}=EI-es,\ X_m=\frac{X_{max}+X_{min}}{2}。$$

上式表明配合精度(配合公差)取决于相互配合的孔与轴的尺寸精度(尺寸公差),设计时,可根据配合公差来确定孔与轴的公差。

由于孔和轴的实际要素在各自的公差带内变动,因此装配后每对孔、轴间的间隙量也是变动的。

4. 过盈配合

过盈配合是指具有过盈(包括最小过盈为零)的配合。孔的公差带位于轴的公差带之下,通常是指孔小、轴大的配合,如图 2-8 所示。

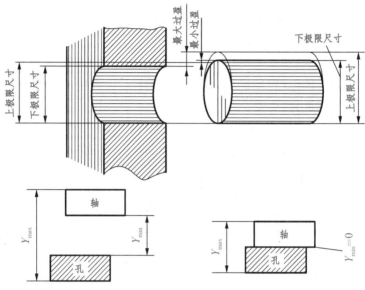

图 2-8　过盈配合公差带图

从图中可知,孔的下极限尺寸(D_{min})减轴的上极限尺寸(d_{max})所得的代数差,或孔的下极限偏差(EI)减轴的上极限偏差(es)所得的代数差,称为最大过盈,用 Y_{max} 表示;孔的上极限尺寸(D_{max})减轴的下极限尺寸(d_{min})所得的代数差,或孔的上极限偏差(ES)减轴的下极限偏差(ei)所得的代数差,称为最小过盈,用 Y_{min} 表示;最大过盈与最小过盈的算术平均值称为平均过盈,用 Y_m 表示。极限过盈、平均过盈计算公式为

$$Y_{max} = D_{min} - d_{max} = EI - es\,,\ Y_{min} = D_{max} - d_{min} = ES - ei\,,\ Y_m = \frac{Y_{max} + Y_{min}}{2}\,。$$

由于孔和轴的实际要素(实际尺寸)在各自的公差带内变动,因此装配后每对孔、轴间的过盈量也是变动的。

5. 过渡配合

过渡配合是指可能产生间隙或过盈的配合。孔的公差带与轴的公差带相互交叠,特点是其间隙或过盈的数值都较小,一般来讲,过渡配合的工件精度都较高,如图 2-9 所示。

从图中可知,过渡配合中,随着孔和轴的实际要素在相应的极限尺寸范围内变化,配合的松紧程度可从最大间隙变化到最大过盈。其最大间隙和最大过盈的计算分别与间隙配合中的最大间隙和过盈配合中的最大过盈相同。最大间隙和最大过盈的代数和为正时是平均间隙,用 X_m 表示;为负时是平均过盈,用 Y_m 表示。极限间隙(或过盈)、平均间隙(或过盈)计算公式为

$$X_{max} = D_{max} - d_{min} = ES - ei\,,\ Y_{max} = D_{min} - d_{max} = EI - es\,,$$

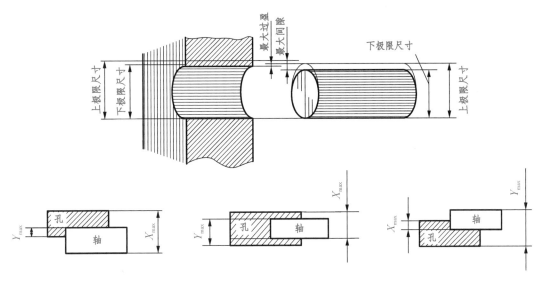

图 2-9 过渡配合公差带图

$$X_{\mathrm{m}}(\text{或}\ Y_{\mathrm{m}}) = \frac{X_{\max} + Y_{\max}}{2}。$$

当 $X_{\mathrm{m}}(Y_{\mathrm{m}}) = \dfrac{X_{\max} + Y_{\max}}{2} > 0$ 时,是平均间隙;当 $X_{\mathrm{m}}(Y_{\mathrm{m}}) = \dfrac{X_{\max} + Y_{\max}}{2} < 0$ 时,是平均过盈。

6. 配合公差

配合公差是组成配合的孔、轴公差之和,指允许间隙或过盈的变动量,它表明配合松紧程度的变化范围。配合公差用 T_{f} 表示,是一个没有符号的绝对值。对于间隙配合,其配合公差为最大间隙与最小间隙之差;对于过盈配合,其配合公差为最小过盈与最大过盈之差;对于过渡配合,其配合公差为最大间隙与最大过盈之差。其计算公式分别为

间隙配合　　$T_{\mathrm{f}} = X_{\max} - X_{\min} = T_{\mathrm{h}} + T_{\mathrm{s}}$,

过盈配合　　$T_{\mathrm{f}} = Y_{\min} - Y_{\max} = T_{\mathrm{h}} + T_{\mathrm{s}}$,

过渡配合　　$T_{\mathrm{f}} = X_{\max} - Y_{\max} = T_{\mathrm{h}} + T_{\mathrm{s}}$。

例2-2 求下列 3 种孔、轴配合的极限间隙或过盈、配合公差,并绘制公差带图。

(1) 孔 $\phi 25^{+0.021}_{0}$ 与轴 $\phi 25^{-0.020}_{-0.033}$。 (2) 孔 $\phi 25^{+0.021}_{0}$ 与轴 $\phi 25^{+0.041}_{+0.028}$。 (3) 孔 $\phi 25^{+0.021}_{0}$ 与轴 $\phi 25^{+0.015}_{+0.002}$。

解　(1) $X_{\max} = ES - ei = 0.021 - (-0.033) = 0.054(\mathrm{mm})$,

$\quad\quad X_{\min} = EI - es = 0 - (-0.020) = 0.020(\mathrm{mm})$,

$\quad\quad T_{\mathrm{f}} = T_{\mathrm{h}} + T_{\mathrm{s}} = 0.021 + (-0.020 + 0.033) = 0.034(\mathrm{mm})$。

公差带图如图 2 - 10(a) 所示。

(2) $Y_{max}=EI-es=0-0.041=-0.041(\text{mm})$，

$Y_{min}=ES-ei=0.021-0.028=-0.007(\text{mm})$，

$T_f=T_h+T_s=0.021+(0.041-0.028)=0.034(\text{mm})$。

公差带图如图 2 - 10(b) 所示。

(3) $X_{max}=ES-ei=0.021-0.002=0.019(\text{mm})$，

$Y_{max}=EI-es=0-0.015=-0.015(\text{mm})$，

$$X_m(Y_m)=\frac{X_{max}+Y_{max}}{2}=\frac{0.019-0.015}{2}=0.002(\text{mm})>0,$$

所以是平均间隙。

$$T_f=T_h+T_s=0.021+(0.015-0.002)=0.034(\text{mm})。$$

公差带图如图 2 - 10(c)所示。

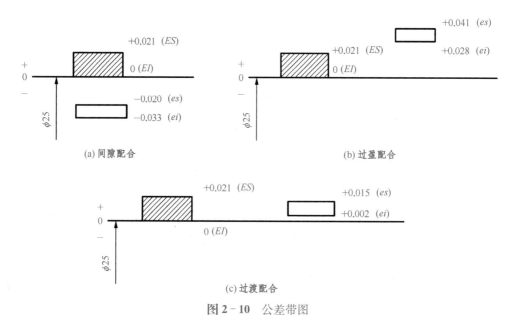

图 2 - 10　公差带图

2.2　常用尺寸的公差与配合

2.2.1　标准公差系列

标准公差系列是国家标准制定出的一系列标准公差数值,它包含以下内容。

1. 标准公差因子(公差单位)

标准公差因子是用以确定标准公差的基本单位,该因子是公称尺寸的函数,是制定标准公差数值的基础。

在实际生产中,对公称尺寸相同的零件,可按公差大小评定其制造精度的高低;对公称尺寸不同的零件,评定其制造精度时就不能仅看公差大小。实际上,在相同的加工条件下,公称尺寸不同的零件加工后产生的加工误差也不同。为了合理规定公差数值,需建立公差单位。

国家标准总结出了公差单位的计算公式,对于公称尺寸≤500 mm,IT5～IT18 的公差单位 i 的计算公式为

$$i = 0.45\sqrt[3]{D(d)} + 0.001D(d),$$

式中,$D(d)$ 为公称尺寸分段的计算尺寸(mm);i 为公差单位(μm)。

上式第一项主要反映加工误差,表示公差与公称尺寸符合立方抛物线规律;第二项反映的是测量误差的影响,主要是测量时温度的变化。

2. **公差等级**

确定尺寸精确程度的等级称为公差等级。不同零件和零件上不同部位的尺寸,对精确程度的要求往往不同,为了满足生产的需要,国家标准设置了 20 个公差等级,各级标准公差的代号为 IT01,IT0,IT1,IT2,…,IT18。IT01 精度最高,其余依次降低,标准公差值依次增大,加工难度依次降低。

同一公差等级,虽然公差值随着公称尺寸的不同而变化,但认为具有同等的精确程度。同一公称尺寸的孔和轴,其标准公差取决于公差等级的高低。规定和划分公差等级的目的是为了简化和统一公差的要求,使规定的等级既能满足不同的使用要求,又能大致代表各种加工方法的精度,为零件的设计和制造带来了极大的方便。

在公称尺寸≤500 mm 的常用尺寸范围内,各级标准公差计算公式见表 2-1。

表 2-1　标准公差的计算公式(GB/T1800.1-2009)

公差等级	IT01			IT0		IT1		IT2		IT3		IT4	
公差值	$0.3+0.08D$			$0.5+0.012D$		$0.8+0.020D$		$IT1\left(\dfrac{IT5}{IT1}\right)^{\frac{1}{4}}$		$IT1\left(\dfrac{IT5}{IT1}\right)^{\frac{1}{2}}$		$IT1\left(\dfrac{IT5}{IT1}\right)^{\frac{3}{4}}$	
公差等级	IT5	IT6	IT7	IT8	IT9	IT10	IT11	IT12	IT13	IT14	IT15	IT16	IT17	IT18
公差值	$7i$	$10i$	$16i$	$25i$	$40i$	$64i$	$100i$	$160i$	$250i$	$400i$	$640i$	$1\,000i$	$1\,600i$	$2\,500i$

3. **尺寸分段**

由标准公差的计算式可知,对应每一个公称尺寸和公差等级可以计算出一个相应的公差值,但这样编制的公差表格会非常庞大,给生产、设计带来麻烦,同时也不利于公差值的标准化、系列化。为了减少标准公差的数目、统一公差值、简化公差表格,便于实际应用,国家标准对公称尺寸进行了分段,对同一尺寸段内所有的公称尺寸,在相同公差等级情况下,规定相同的标准公差。标准公差数值见表 2-2。

表 2 - 2　标准公差数值(GB/T1800. 1 - 2009)

公称尺寸 /mm		公 差 等 级																				
		IT01	IT0	IT1	IT2	IT3	IT4	IT5	IT6	IT7	IT8	IT9	IT10	IT11	IT12	IT13	IT14	IT15	IT16	IT17	IT18
大于	至	μm													mm						
—	3	0.3	0.5	0.8	1.2	2	3	4	6	10	14	25	40	60	0.10	0.14	0.25	0.40	0.60	1.0	1.4
3	6	0.4	0.6	1	1.5	2.5	4	5	8	12	18	30	48	75	0.12	0.18	0.30	0.48	0.75	1.2	1.8
6	10	0.4	0.6	1	1.5	2.5	4	6	9	15	22	36	58	90	0.15	0.22	0.36	0.58	0.90	1.5	2.2
10	18	0.5	0.8	1.2	2	3	5	8	11	18	27	43	70	110	0.18	0.27	0.43	0.70	1.10	1.8	2.7
18	30	0.6	1	1.5	2.5	4	6	9	13	21	33	52	84	130	0.21	0.33	0.52	0.84	1.30	2.1	3.3
30	50	0.6	1	1.5	2.5	4	7	11	16	25	39	62	100	160	0.25	0.39	0.62	1.00	1.60	2.5	3.9
50	80	0.8	1.2	2	3	5	8	13	19	30	46	74	120	190	0.30	0.46	0.74	1.20	1.90	3.0	4.6
80	120	1	1.5	2.5	4	6	10	15	22	35	54	87	140	220	0.35	0.54	0.87	1.40	2.20	3.5	5.4
120	180	1.2	2	3.5	5	8	12	18	25	40	63	100	160	250	0.40	0.63	1.00	1.60	2.50	4.0	6.3
180	250	2	3	4.5	7	10	14	20	29	46	72	115	185	290	0.46	0.72	1.15	1.85	2.90	4.6	7.2
250	315	2.5	4	6	8	12	16	23	32	52	81	130	210	320	0.52	0.81	1.30	2.10	3.20	5.2	8.1
315	400	3	5	7	9	13	18	25	36	57	89	140	230	360	0.57	0.89	1.40	2.30	3.60	5.7	8.9
400	500	4	6	8	10	15	20	27	40	63	97	155	250	400	0.63	0.97	1.55	2.50	4.00	6.3	9.7

注:公称尺寸小于 1 mm 时,无 IT14~IT18。

2.2.2　基本偏差系列

　　基本偏差是指零件公差带靠近零线位置的上极限偏差或下极限偏差,它是公差带位置标准化的唯一指标。当公差带位置在零线以上时,其基本偏差为下极限偏差;当公差带位置在零线以下时,其基本偏差为上极限偏差。

　　1. 基本偏差代号

　　基本偏差的代号用英文字母表示,小写字母代表轴,大写字母代表孔。以轴为例,其排列顺序基本上从 a 依次到 z,在英文字母中,除去与其他代号易混淆的 5 个字母 i, l, o, q, w,增加了 7 个双字母代号 cd, ef, fg, js, za, zb, zc,共组成 28 个基本偏差代号。其排列顺序如图 2 - 11 所示。孔的 28 个基本偏差代号与轴完全相同,用大写字母表示。

　　在图 2 - 11 中,表示公称尺寸相同的 28 种轴、孔基本偏差相对零线的位置,其基本偏差是"开口"的公差带。这是因为基本偏差只是表示公差带的位置,而不表示公差带的大小,其另一端开口的位置将由公差等级来决定。

　　2. 基本偏差系列图的主要特点

　　(1) 轴的基本偏差　从 a~h 规定为上极限偏差(es),绝对值依次逐渐减小,且公差带都分布在零线以下;从 j~zc 规定为下偏差 ei,从 k~zc 其绝对值依次逐渐增大,且公差带都分布在零线以上。

　　(2) 孔的基本偏差　从 A~H 规定为下极限偏差(EI),绝对值依次逐渐减小,且公差带都分布在零线以上;从 J~ZC 规定为上偏差 ES,从 N~ZC 其绝对值依次逐渐增大,且公差带都

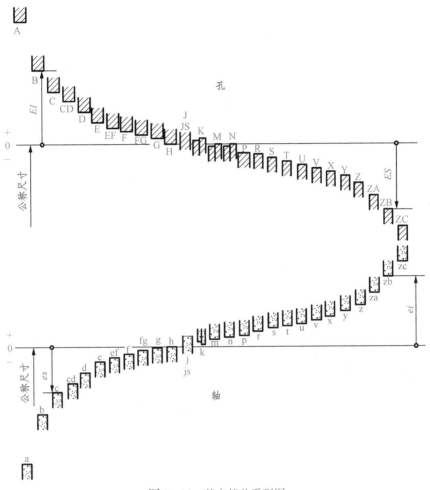

图 2－11　基本偏差系列图

分布在零线以下。

（3）JS 和 js 完全对称于零线分布　基本偏差可以用上极限偏差$\left(\dfrac{IT}{2}\right)$，也可以用下极限偏差$\left(-\dfrac{IT}{2}\right)$。J 和 j 近似对称于零线分布，并且逐渐被 JS 和 js 所代替。

（4）基准孔和基准轴　代号为 H 的孔的基本偏差为下极限偏差（EI），它总是等于零，称为基准孔；代号为 h 的轴的基本偏差为上极限偏差（es），它总是等于零，称为基准轴。

（5）基本偏差的大小　除 JS 和 js 以外，原则上与公差等级无关。但对 j，k 和 J，K，M，N 等，则随公差等级不同而有不同的基本偏差值。

公称尺寸≤500 mm 的孔、轴基本偏差数值，可查表 2－3 和表 2－4。

3. 基本偏差数值

基本偏差数值是经过经验公式计算得到的,实际使用时可查表2-3和表2-4。

表2-3　轴的基本偏差值(GB/T1800.1-2009)　　　　　　　　　　　　(单位:μm)

公称尺寸/mm	基本偏差																
	上极限偏差 es												下极限偏差 ei				
	a	b	c	cd	d	e	ef	f	fg	g	h	js	j			k	
	所有公差等级												5~6	7	8	4~7	≤3 / >7
≤3	−270	−140	−60	−34	−20	−14	−10	−6	−4	−2	0		−2	−4	−6	0	0
>3~6	−270	−140	−70	−46	−30	−20	−14	−10	−6	−4	0		−2	−4	—	+1	0
>6~10	−280	−150	−80	−56	−40	−25	−18	−13	−8	−5	0		−2	−5	—	+1	0
>10~14	−290	−150	−95	—	−50	−32	—	−16	—	−6	0		−3	−6	—	+1	0
>14~18	−290	−150	−95	—	−50	−32	—	−16	—	−6	0		−3	−6	—	+1	0
>18~24	−300	−160	−110	—	−65	−40	—	−20	—	−7	0		−4	−8	—	+2	0
>24~30	−300	−160	−110	—	−65	−40	—	−20	—	−7	0		−4	−8	—	+2	0
>30~40	−310	−170	−120	—	−80	−50	—	−25	—	−9	0		−5	−10	—	+2	0
>40~50	−320	−180	−130	—	−80	−50	—	−25	—	−9	0		−5	−10	—	+2	0
>50~65	−340	−190	−140	—	−100	−60	—	−30	—	−10	0		−7	−12	—	+2	0
>65~80	−360	−200	−150	—	−100	−60	—	−30	—	−10	0		−7	−12	—	+2	0
>80~100	−380	−220	−170	—	−120	−72	—	−36	—	−12	0	偏差等于 ±IT/2	−9	−15	—	+3	0
>100~120	−410	−240	−180	—	−120	−72	—	−36	—	−12	0		−9	−15	—	+3	0
>120~140	−460	−260	−200	—	−145	−85	—	−43	—	−14	0		−11	−18	—	+3	0
>140~160	−520	−280	−210	—	−145	−85	—	−43	—	−14	0		−11	−18	—	+3	0
>160~180	−580	−310	−230	—	−145	−85	—	−43	—	−14	0		−11	−18	—	+3	0
>180~200	−660	−340	−240	—	−170	−100	—	−50	—	−15	0		−13	−21	—	+4	0
>200~225	−740	−380	−260	—	−170	−100	—	−50	—	−15	0		−13	−21	—	+4	0
>225~250	−820	−420	−280	—	−170	−100	—	−50	—	−15	0		−13	−21	—	+4	0
>250~280	−920	−480	−300	—	−190	−110	—	−56	—	−17	0		−16	−26	—	+4	0
>280~315	−1 050	−540	−330	—	−190	−110	—	−56	—	−17	0		−16	−26	—	+4	0
>315~355	−1 200	−600	−360	—	−210	−125	—	−62	—	−18	0		−18	−28	—	+4	0
>355~400	−1 350	−680	−400	—	−210	−125	—	−62	—	−18	0		−18	−28	—	+4	0
>400~450	−1 500	−760	−440	—	−230	−135	—	−68	—	−20	0		−20	−32	—	+5	0
>450~500	−1 650	−840	−480	—	−230	−135	—	−68	—	−20	0		−20	−32	—	+5	0

续 表

公称尺寸 /mm	基本偏差 下极限偏差 ei 所有公差等级													
	m	n	p	r	s	t	u	v	x	y	z	za	zb	zc
≤3	+2	+4	+6	+10	+14	—	+18	—	+20	—	+26	+32	+40	+60
>3~6	+4	+8	+12	+15	+19	—	+23	—	+28	—	+35	+42	+50	+80
>6~10	+6	+10	+15	+19	+23	—	+28	—	+34	—	+42	+52	+67	+97
>10~14	+7	+12	+18	+23	+28	—	+33	—	+40	—	+50	+64	+90	+130
>14~18	+7	+12	+18	+23	+28	—	+33	+39	+45	—	+60	+77	+108	+150
>18~24	+8	+15	+22	+28	+35	—	+41	+47	+54	+63	+73	+98	+136	+188
>24~30	+8	+15	+22	+28	+35	+41	+48	+55	+64	+75	+88	+118	+160	+218
>30~40	+9	+17	+26	+34	+43	+48	+60	+68	+80	+94	+112	+148	+220	+274
>40~50	+9	+17	+26	+34	+43	+54	+70	+81	+97	+114	+136	+180	+242	+325
>50~65	+11	+20	+32	+41	+53	+66	+87	+102	+122	+144	+172	+226	+300	+405
>65~80	+11	+20	+32	+43	+59	+75	+102	+120	+146	+174	+210	+274	+360	+480
>80~100	+13	+23	+37	+51	+71	+91	+124	+146	+178	+214	+258	+335	+445	+585
>100~120	+13	+23	+37	+54	+79	+104	+144	+172	+210	+256	+310	+400	+525	+690
>120~140	+15	+27	+43	+63	+92	+122	+170	+202	+248	+300	+365	+470	+620	+800
>140~160	+15	+27	+43	+65	+100	+134	+190	+228	+280	+340	+415	+535	+700	+900
>160~180	+15	+27	+43	+68	+108	+146	+210	+252	+310	+380	+465	+600	+780	+1 000
>180~200	+17	+31	+50	+77	+122	+166	+236	+284	+350	+425	+520	+670	+880	+1 150
>200~225	+17	+31	+50	+80	+130	+180	+258	+310	+385	+470	+575	+740	+960	+1 250
>225~250	+17	+31	+50	+84	+140	+196	+284	+340	+425	+520	+640	+820	+1 050	+1 350
>250~280	+20	+34	+56	+94	+158	+218	+315	+385	+475	+580	+710	+920	+1 200	+1 550
>280~315	+20	+34	+56	+98	+170	+240	+350	+425	+525	+650	+790	+1 000	+1 300	+1 700
>315~355	+21	+37	+62	+108	+190	+268	+390	+475	+590	+730	+900	+1 150	+1 500	+1 900
>355~400	+21	+37	+62	+114	+208	+294	+435	+530	+660	+820	+1 000	+1 300	+1 650	+2 100
>400~450	+23	+40	+68	+126	+232	+330	+490	+595	+740	+920	+1 100	+1 450	+1 850	+2 400
>450~500	+23	+40	+68	+132	+252	+360	+540	+660	+820	+1 000	+1 250	+1 600	+2 100	+2 600

注:① 公称尺寸小于 1 mm 时,各级的 a 和 b 均不采用。

② js 的数值,对 IT7~IT11,若 IT 的数值(μm)为奇数,则取 js = ±(IT−1)/2。

表 2-4　孔的基本偏差值(GB/T1800.1-2009)　　　　　　　　　(单位:μm)

公称尺寸/mm	基本偏差																		
	下极限偏差 EI												上极限偏差 ES						
	A	B	C	CD	D	E	EF	F	FG	G	H	JS	J			K		M	
	所有的公差等级												6	7	8	≤8	>8	≤8	>8
≤3	+270	+140	+60	+34	+20	+14	+10	+6	+4	+2	0		+2	+4	+6	0	0	-2	-2
>3~6	+270	+140	+70	+36	+30	+20	+14	+10	+6	+4	0		+5	+6	+10	-1+Δ	—	-4+Δ	-4
>6~10	+280	+150	+80	+56	+40	+25	+18	+13	+8	+5	0		+5	+8	+12	-1+Δ	—	-6+Δ	-6
>10~14 >14~18	+290	+150	+95	—	+50	+32	—	+16	—	+6	0		+6	+10	+15	-1+Δ	—	-7+Δ	-7
>18~24 >24~30	+300	+160	+110	—	+65	+40	—	+20	—	+7	0		+8	+12	+20	-2+Δ	—	-8+Δ	-8
>30~40 >40~50	+310 +320	+170 +180	+120 +130	—	+80	+50	—	+25	—	+9	0		+10	+14	+24	-2+Δ	—	-9+Δ	-9
>50~65 >65~80	+340 +360	+190 +200	+140 +150	—	+100	+60	—	+30	—	+10	0	偏差等于 ±IT/2	+13	+18	+28	-2+Δ	—	-11+Δ	-11
>80~100 >100~120	+380 +410	+220 +240	+170 +180	—	+120	+72	—	+36	—	+12	0		+16	+22	+34	-3+Δ	—	-13+Δ	-13
>120~140 >140~160 >160~180	+440 +520 +580	+260 +280 +310	+200 +210 +230	—	+145	+85	—	+43	—	+14	0		+18	+26	+41	-3+Δ	—	-15+Δ	-15
>180~200 >200~225 >225~250	+660 +740 +820	+340 +380 +420	+240 +260 +280	—	+170	+100	—	+50	—	+15	0		+22	+30	+47	-4+Δ	—	-17+Δ	-17
>250~280 >280~315	+920 +1 050	+480 +540	+300 +330	—	+190	+110	—	+56	—	+17	0		+25	+36	+55	-4+Δ	—	-20+Δ	-20
>315~355 >355~400	+1 200 +1 350	+600 +680	+360 +400	—	+210	+125	—	+62	—	+18	0		+29	+39	+60	-4+Δ	—	-21+Δ	-21
>400~450 >450~500	+1 500 +1 650	+760 +840	+440 +480	—	+230	+135	—	+68	—	+20	0		+33	+43	+66	-5+Δ	—	-23+Δ	-23

续　表

公称尺寸 /mm	基本偏差 上极限偏差 ES															Δ/μm					
	N		P~ZC	P	R	S	T	U	V	X	Y	Z	ZA	ZB	ZC	3	4	5	6	7	8
	≤8	>8	≤7	>7												3	4	5	6	7	8
≤3	-4	-4		-6	-10	-14	—	-18	—	-20	—	-26	-32	-40	-60	0					
>3~6	-8+Δ	0		-12	-15	-19	—	-23	—	-28	—	-35	-42	-50	-80	1	1.5	1	3	4	6
>6~10	-10+Δ	0		-15	-19	-23	—	-28	—	-34	—	-42	-52	-67	-97	1	1.5	2	3	6	7
>10~14	-12+Δ	0		-18	-23	-28	—	-33	—	-40	—	-50	-64	-90	-130	1	2	3	3	7	9
>14~18									-39	-45	—	-60	-77	-108	-150						
>18~24	-15+Δ	0		-22	-28	-35	—	-41	-47	-54	-65	-73	-98	-136	-188	1.5	2	3	4	8	12
>24~30							-41	-48	-55	-64	-75	-88	-118	-160	-218						
>30~40	-17+Δ	0		-26	-34	-43	-48	-60	-68	-80	-94	-112	-148	-200	-274	1.5	3	4	5	9	14
>40~50							-54	-70	-81	-95	-114	-136	-180	-242	-325						
>50~65	-20+Δ	0	在大于7级的相应数值上增加一个Δ值	-32	-41	-53	-66	-87	-102	-122	-144	-172	-226	-300	-400	2	3	5	6	11	16
>65~80					-43	-59	-75	-102	-120	-146	-174	-210	-274	-360	-480						
>80~100	-23+Δ	0		-37	-51	-71	-92	-124	-146	-178	-214	-258	-335	-445	-585	2	4	5	7	13	19
>100~120					-54	-79	-104	-144	-172	-210	-254	-310	-400	-525	-690						
>120~140	-27+Δ	0		-43	-63	-92	-122	-170	-202	-248	-300	-365	-470	-620	-800	3	4	6	7	15	23
>140~160					-65	-100	-134	-190	-228	-280	-340	-415	-535	-700	-900						
>160~180					-68	-108	-146	-210	-252	-310	-380	-465	-600	-780	-1 000						
>180~200	-31+Δ	0		-50	-77	-122	-166	-236	-284	-350	-425	-520	-670	-880	-1 150	3	4	6	9	17	26
>200~225					-80	-130	-180	-258	-310	-385	-470	-575	-740	-960	-1 250						
>225~250					-84	-140	-196	-284	-340	-425	-520	-640	-820	-1 050	-1 350						
>250~280	-34+Δ	0		-56	-94	-158	-218	-315	-385	-475	-580	-710	-920	-1 200	-1 500	4	4	7	9	20	29
>280~315					-98	-170	-240	-350	-425	-525	-650	-790	-1 000	-1 300	-1 700						
>315~355	-37+Δ	0		-62	-108	-190	-268	-390	-475	-590	-730	-900	-1 150	-1 500	-1 900	4	5	7	11	21	32
>355~400					-114	-208	-294	-435	-530	-660	-820	-1 000	-1 300	-1 650	-2 100						
>400~450	-40+Δ	0		-68	-126	-232	-330	-490	-595	-740	-920	-1 100	-1 450	-1 850	-2 400	5	5	7	13	23	34
>450~500					-132	-252	-360	-540	-660	-820	-1 000	-1 250	-1 600	-2 100	-2 600						

注:① 公称尺寸小于 1 mm 时,各级的 A 和 B 及大于 8 级的 N 均不采用。
　② JS 的数值,对 IT7~IT11,若 IT 的数值(μm)为奇数,则取 JS $= \pm (IT-1)/2$。
　③ 特殊情况:当公称尺寸大于 250 mm 而小于 315 mm 时,M6 的 ES 等于 -9(不等于 -11)。
　④ 对 ≤IT8 的 K,M,N 和 IT ≤ 7 的 P~ZC,所需 Δ 值从表内右侧栏选取。
　⑤ Δ 为孔的标准公差 IT_n 与高一级的轴的标准公差 IT_{n-1} 之差,即 $\Delta = IT_n - IT_{n-1}$。

2.2.3 公差带与配合的表示

孔、轴的公差带代号由基本偏差代号和公差等级数字组成。例如，H8，F7，K7，P7 等为孔的公差带代号；h7，f6，r6，p6 等为轴的公差带代号。

配合代号用孔、轴公差带的组合表示，写成分数形式，分子为孔的公差带代号，分母为轴的公差带代号，如$\frac{H7}{f6}$或 H7/f6。

若指某公称尺寸的配合，则公称尺寸标在配合代号之前，如$\phi25\frac{H7}{f6}$或$\phi25H7/f6$。

孔、轴公差在零件图上主要标注公称尺寸和极限偏差数值，零件图上尺寸公差的标注方法有 3 种，如图 2-12 所示。

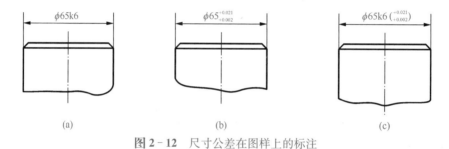

(a)　　　　　　　　　　(b)　　　　　　　　　　(c)

图 2-12　尺寸公差在图样上的标注

装配图上，主要标注公称尺寸和配合代号，配合代号即标注孔、轴的偏差代号及公差等级，如图 2-13 所示。

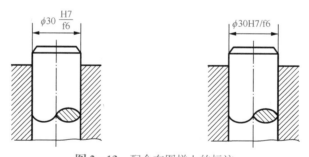

图 2-13　配合在图样上的标注

例 2-3　如图 2-1 所示的圆锥齿轮减速器，在联轴器 1 和输入轴 2 的配合处(ϕ_1)，若已知孔和轴的尺寸及配合代号为$\phi40H7/m6$，查表确定其极限偏差，画出它们的公差带图，并计算它们的极限间隙(过盈)值。

解　(1) 查表。

① 查表 2-2 得　$IT6=16\ \mu m$，$IT7=25\ \mu m$；

② 查表 2-3 得　m 的基本偏差为下极限偏差 $ei=+9\ \mu m$；

③ 查表 2-4 得　H 的基本偏差为下极限偏差 $EI=0$。

(2) 通过计算确定另一个极限偏差。

① m6 的另一个极限偏差 $es=ei+IT6=9+16=+25(\mu m)$；

② H7 的另一个极限偏差 $ES=EI+IT7=0+25=+25(\mu m)$。

所以 $\phi 40H7\left(^{+0.025}_{0}\right)$，$\phi 40m6\left(^{+0.025}_{+0.009}\right)$。

(3) 计算极限间隙(过盈)，即

$$X_{\max}=ES-ei=0.025-0.009=0.016(mm),$$

$$Y_{\max}=EI-es=0-0.025=-0.025(mm),$$

$$X_{m}(Y_{m})=\frac{X_{\max}+Y_{\max}}{2}=\frac{0.016-0.025}{2}=-0.004\,5(mm)<0。$$

所以是平均过盈。

(4) 画公差带图，如图 2-14 所示(过渡配合)。

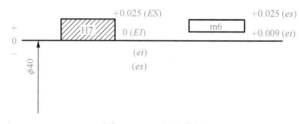

图 2-14　公差带图

例 2-4　如图 2-1 所示的圆锥齿轮减速器，带轮 8 和输出轴 11 的配合处(ϕ_5)，若已知孔和轴的尺寸及配合代号为 $\phi 50H8/h8$，查表确定其极限偏差，画出它们的公差带图，并计算它们的极限间隙(过盈)值。

解　(1) 查表。

① 查表 2-2 得　$IT8=39\ \mu m$；

② 查表 2-3 得　h 的基本偏差为上极限偏差 $es=0$；

③ 查表 2-4 得　H 的基本偏差为下极限偏差 $EI=0$。

(2) 通过计算确定另一个极限偏差。

① h8 的另一个极限偏差 $ei=es-IT8=0-39=-39(\mu m)$；

② H8 的另一个极限偏差 $ES=EI+IT8=0+39=+39(\mu m)$。

所以 $\phi 50H8\left(^{+0.039}_{0}\right)$，$\phi 50h8\left(^{0}_{-0.039}\right)$。

(3) 计算极限间隙(过盈)，即

$$X_{\max}=ES-ei=0.039-(-0.039)=0.078(mm),$$

$$X_{\min}=EI-es=0-0=0。$$

(4) 画公差带图，如图 2-15 所示(间隙配合)。

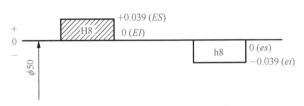

图 2-15 公差带图

例 2-5 如图 2-1 所示的圆锥齿轮减速器,轴承 5 外径与套杯 4 的配合处(ϕ_3),若已知孔和轴的尺寸及配合代号为 $\phi 110N6/h5$,查表确定其极限偏差,画出它们的公差带图,并计算它们的极限间隙(过盈)值。

解 (1)查表。

① 查表 2-2 得 IT5=15 μm,IT6=22 μm;

② 查表 2-3 得 h 的基本偏差为上极限偏差 $es=0$;

③ 查表 2-4 得 N 的基本偏差为上极限偏差 $ES=-23+\Delta=-23+7=-16(\mu m)$。

(2)通过计算确定另一个极限偏差。

① h6 的另一个极限偏差 $ei=es-IT5=0-15=-15(\mu m)$;

② N7 的另一个极限偏差 $EI=ES-IT6=-16-22=-38(\mu m)$。

所以 $\phi 110N6(^{-0.016}_{-0.038})$,$\phi 110h5(^{0}_{-0.015})$。

(3)计算极限间隙(过盈)值,即

$$Y_{max}=EI-es=-0.038-0=-0.038(mm),$$
$$Y_{min}=ES-ei=-0.016-(-0.015)=-0.001(mm)。$$

(4)画公差带图,如图 2-16 所示(过盈配合)。

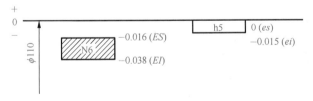

图 2-16 公差带图

2.2.4 标准温度

国标规定,标准中列表的数值均以标准温度 20℃时的数值为准。因此,精密测量应在 20℃的恒温室中进行。

在实际生产中,常以常温测得的数值来评定零件尺寸是否合格,但是,对于高精度生产车间,则需要控制车间的温度。

2.2.5　常用尺寸孔、轴的公差带与配合

1. 常用尺寸孔、轴的公差带

国标 GB/T1800.1－2009 对公称尺寸≤500 规定了 20 个公差等级和 28 种基本偏差,如将任一基本偏差与任一标准公差组合,其孔公差带有 $20\times27+3(J6, J7, J8)=543$ 个,轴公差带有 $20\times27+4(j5, j6, j7, j8)=544$ 个。 这么多的公差带都使用显然是不经济的,而且将导致定值刀具和量具规格的繁多。

因此,国标规定了一般、常用和优先轴用公差带共 116 种,如图 2－17 所示。图中方框内的 59 种为常用公差带,圆圈内的 13 种为优先公差带。

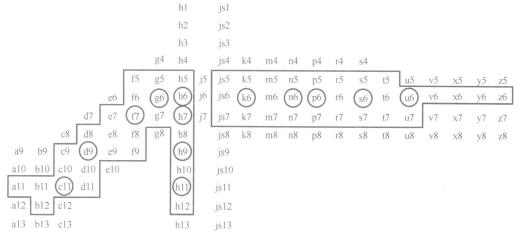

图 2－17　一般、常用、优先轴的公差带

国标规定了一般、常用和优先孔用公差带共 105 种,如图 2－18 所示。图中方框内的 44

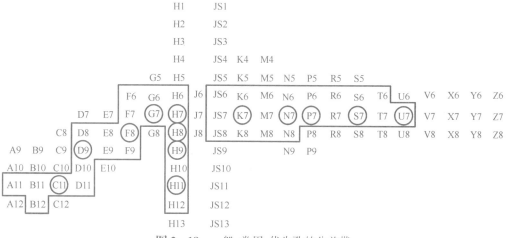

图 2－18　一般、常用、优先孔的公差带

种为常用公差带,圆圈内的 13 种为优先公差带。

选用公差带时,应按优先、常用、一般、任意公差带的顺序选用。特别是优先和常用公差带,它反映了长期生产实践中积累较丰富的使用经验,应尽量选用。

2. 常用尺寸孔、轴的配合

国标在规定了上述孔、轴公差带选用的基础上,还规定了优先、常用配合。规定基轴制中有 47 种常用配合,13 种优先配合,见表 2 - 5。规定基孔制中有 59 种常用配合,13 种优先配合,见表 2 - 6。

表 2 - 5　基轴制优先、常用配合(GB/T180.1 - 2009)

基准轴	孔																				
	A	B	C	D	E	F	G	H	JS	K	M	N	P	R	S	T	U	V	X	Y	Z
	间隙配合								过渡配合				过盈配合								
h5						$\frac{F6}{h5}$	$\frac{G6}{h5}$	$\frac{H6}{h5}$	$\frac{JS6}{h5}$	$\frac{K6}{h5}$	$\frac{M6}{h5}$	$\frac{N6}{h5}$	$\frac{P6}{h5}$	$\frac{R6}{h5}$	$\frac{S6}{h5}$	$\frac{T6}{h5}$					
h6						$\frac{F7}{h6}$	$\frac{G7}{h6}$▼	$\frac{H7}{h6}$▼	$\frac{JS7}{h6}$	$\frac{K7}{h6}$	$\frac{M7}{h6}$	$\frac{N7}{h6}$▼	$\frac{P7}{h6}$▼	$\frac{R7}{h6}$	$\frac{S7}{h6}$▼	$\frac{T7}{h6}$	$\frac{U7}{h6}$▼				
h7					$\frac{E8}{h7}$	$\frac{F8}{h7}$▼		$\frac{H8}{h7}$▼	$\frac{JS8}{h7}$	$\frac{K8}{h7}$	$\frac{M8}{h7}$	$\frac{N8}{h7}$									
h8				$\frac{D8}{h8}$	$\frac{E8}{h8}$	$\frac{F8}{h8}$		$\frac{H8}{h8}$													
h9				$\frac{D9}{h9}$▼	$\frac{E9}{h9}$	$\frac{F9}{h9}$		$\frac{H9}{h9}$▼													
h10				$\frac{D10}{h10}$				$\frac{H10}{h10}$													
h11	$\frac{A11}{h11}$	$\frac{B11}{h11}$	$\frac{C11}{h11}$▼	$\frac{D11}{h11}$				$\frac{H11}{h11}$▼													
h12		$\frac{B12}{h12}$						$\frac{H12}{h12}$													

注:标注▼的配合为优先配合。

表 2 - 6　基孔制优先、常用配合(GB/T180. 1 - 2009)

基准孔	轴																				
	a	b	c	d	e	f	g	h	js	k	m	n	p	r	s	t	u	v	x	y	z
	间隙配合								过渡配合				过盈配合								
H6						H6/f5	H6/g5	H6/h5	H6/js5	H6/k5	H6/m5	H6/n5	H6/p5	H6/r5	H6/s5	H6/t5					
H7						H7/f6	H7/g6	H7/h6	H7/js6	H7/k6	H7/m6	H7/n6	H7/p6	H7/r6	H7/s6	H7/t6	H7/u6	H7/v6	H7/x6	H7/y6	H7/z6
H8					H8/e7	H8/f7	H8/g7	H8/h7	H8/js7	H8/k7	H8/m7	H8/n7	H8/p7	H8/r7	H8/s7	H8/t7	H8/u7				
				H8/d8	H8/e8	H8/f8		H8/h8													
H9			H9/c9	H9/d9	H9/e9	H9/f9		H9/h9													
H10			H10/c10	H10/d10				H10/h10													
H11	H11/a11	H11/b11	H11/c11	H11/d11				H11/h11													
H12		H12/b12						H11/h12													

注:① $\dfrac{H6}{n5}$、$\dfrac{H7}{p6}$ 在公称尺寸小于或等于 3 mm 和 $\dfrac{H8}{r7}$ 在公称尺寸小于或等于 100 mm 时,为过渡配合。

② 标注▟的配合为优先配合。

从表 2 - 5 和表 2 - 6 中可以看出,当轴的公差等级≤IT7 时,采用孔比轴低一级的配合;当轴的公差等级≥IT8 时,采用孔与轴同级的配合。

在满足使用要求的前提下,公差带与配合的选用原则是:首先选用优先配合公差带;其次选用常用配合公差带;再次选用一般配合公差带。当有特殊需要时,可以根据生产和使用的要求,按国际规定的标准公差与基本偏差自行组成孔、轴公差带及配合。

为了方便使用,国标(GB/T1800. 1 - 2009)用表列出了孔、轴常用公差带的极限偏差,供使用者查阅。

3. 配合制

由配合的公差带可知,变更孔、轴公差带的相对位置,可以组成不同性质、不同松紧的配合。但为了简化起见,以最少的标准公差带形成最多的配合,且获得良好的技术经济效益,标准规定了两种基准制,即基孔制与基轴制。

(1)基孔制　基孔制是指基本偏差为一定的孔的公差带,与不同的基本偏差的轴的公差带所形成的各种配合的一种制度。

基孔制中的孔称为基准孔，用 H 表示。基准孔的基本偏差为下极限偏差 EI，且数值为零，即 $EI=0$。上极限偏差为正值，其公差带偏置在零线上侧。

基孔制配合中，由于轴的基本偏差不同，使它们的公差带和基准孔公差带形成以下不同的配合情况：

$$H/a \sim h \quad 间隙配合，\qquad H/js \sim m \quad 过渡配合，$$
$$H/n,p \quad 过渡或过盈配合，\qquad H/r \sim zc \quad 过盈配合。$$

（2）基轴制　基轴制是指基本偏差为一定的轴的公差带，与不同基本偏差的孔的公差带形成的各种配合的一种制度。

基轴制中的轴称为基准轴，用 h 表示。基准轴的基本偏差为上极限偏差 es，且数值为零，即 $es=0$。下极限偏差为负值，其公差带偏置在零线的下侧。

基轴制配合中，由于孔的基本偏差不同，形成以下的配合：

$$A \sim H/h \quad 间隙配合，\qquad JS \sim M/h \quad 过渡配合，$$
$$N,P/h \quad 过渡或过盈配合，\qquad R \sim ZC/h \quad 过盈配合。$$

不难发现，由于基本偏差的对称性，配合 H7/m6 和 M7/h6，H8/f7 和 F8/h7 具有相同的极限盈、隙指标。基准制可以转换，亦称为同名配合。

2.2.6　线性尺寸的一般公差

一般公差是指在车间一般加工条件下可以保证的公差，是机床设备在正常维护和操作情况下，能达到的经济加工精度。

国家标准 GB/T1804－2000 规定了线性尺寸的一般公差等级和极限偏差。一般公差等级分为 4 级，它们分别是精密级 f、中等级 m、粗糙级 c、最粗级 v。极限偏差全部采用对称偏差值，对适用尺寸也采用了较大的分段，具体数值见表 2－7。

表 2－7　线性尺寸未注极限偏差的数值（摘自 GB/T1804－2000）　　　　（单位：mm）

公差等级	尺寸分段							
	0.5～3	>3～6	>6～30	>30～120	>120～400	>400～1 000	>1 000～2 000	>2 000～4 000
f（精密级）	±0.05	±0.05	±0.1	±0.15	±0.2	±0.3	±0.5	—
m（中等级）	±0.1	±0.1	±0.2	±0.3	±0.5	±0.8	±1.2	±2
c（粗糙级）	±0.2	±0.3	±0.5	±0.8	±1.2	±2	±3	±4
v（最粗级）	—	±0.5	±1	±1.5	±2.5	±4	±6	±8

线性尺寸的一般公差主要用于较低精度的非配合尺寸。采用一般公差的尺寸，该尺寸后不标注极限偏差。只有当要素的功能允许一个比一般公差更大的公差，且采用该公差比一般公差更为经济时，其相应的极限偏差要在尺寸后注出。

采用 GB/T1804－2000 规定的一般公差，在图样、技术文件或标准中用该标准号和公差等级符号表示。例如,当选用中等级 m 时,可在技术要求中注明;未注公差尺寸的,按 GB/T1804‐2000—m 规定选用。

2.3　公差与配合的选用

尺寸公差与配合的选择是机械设计与制造中的一个重要环节。它是在公称尺寸已经确定的情况下进行的尺寸精度设计。公差与配合的选择是否恰当,对产品的性能、质量、互换性及经济性有着重要的影响。选择的原则是在满足使用要求的前提下,获得最佳的技术经济效益。

公差与配合的选择一般有 3 种方法:类比法、计算法、试验法。类比法就是通过对类似的机器和零部件进行调查研究、分析对比后,根据前人的经验来选取公差与配合。这是目前应用最多,也是主要的一种方法。计算法是按照一定的理论和公式来确定需要的间隙或过盈。这种方法虽然麻烦,但比较科学,只是有时将条件理论化、简单化了,使得计算结果不完全符合实际。试验法是通过试验或统计分析来确定间隙或过盈。这种方法合理、可靠,只是代价较高,因而只应用于重要产品的设计。

2.3.1　基准制的选择

选用基准制时,主要应从零件的结构、工艺、经济等方面来综合考虑。

1. 优先选用基孔制

由于选择基孔制配合的零、部件生产成本低,经济效益好,因而该配合被广泛使用。由于同等精度的内孔加工比外圆加工困难、成本高,往往采用按基孔设计与加工的钻头、扩孔钻、铰刀、拉刀等定尺寸刀具,以减低加工难度和生产成本。而加工轴则不同,一把刀具可加工不同尺寸的轴。所以,从经济方面考虑优先选用基孔制。

2. 特殊场合选用基轴制配合

(1) 直接采用冷拉棒料做轴　其表面不需要再进行切削加工,同样可以获得明显的经济效益(冷拉圆钢按一定的精度等级加工,其尺寸与几何误差、表面粗糙度精度达到一定标准),在农业、建筑、纺织机械中常用。

(2) 有些零件由于结构上的需要,采用基轴制更合理　图 2‐19(a)所示为活塞连杆机构,根据使用要求,活塞销轴与活塞孔采用过渡配合,而连杆衬套与活塞销轴则采用间隙配合。若采用基孔制,如图 2‐19(b)所示,活塞销轴将加工成台阶形状;而采用基轴制配合,如图 2‐19(c)所示,活塞销轴可制成光轴,这种选择不仅有利于轴的加工,并且能够保证合理的装配质量。

3. 与标准件配合

当设计的零件需要与标准件配合时,应根据标准件来确定基准制配合。例如,滚动轴承内圈与轴的配合,应选用基孔制;而滚动轴承外圈与基座孔的配合,应选用基轴制。

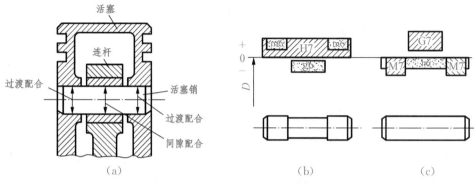

图 2‑19　基轴制配合选择示例

2.3.2　公差等级的选择

公差等级的选用就是确定尺寸的制造精度与加工的难易程度。加工的成本和工件的工作质量有关,所以在选择公差等级时,要正确处理使用要求、加工工艺及生产成本之间的关系。

公差等级选择原则:在满足使用要求的前提下,尽可能选择较低的公差等级。

公差等级的选用通常采用的方法为类比法,即参考从生产实践中总结出来的经验汇编成的资料,进行比较选择。用类比法选择公差等级时,应掌握各个公差等级的应用范围和各种加工方法所能达到的公差等级,以便有所依据。表 2‑8 为公差等级的应用范围,表 2‑9 为常用加工方法所能达到的公差等级,表 2‑10 为常用公差等级的具体应用。

表 2‑8　公差等级的应用范围

公差等级 应用	01	0	1	2	3	4	5	6	7	8	9	10	11	12	13	14	15	16	17	18
块规	—	—	—																	
量规			—	—	—	—	—	—	—	—										
配合尺寸							—	—	—	—	—	—	—	—						
特别精密零件				—	—	—	—	—												
非配合尺寸														—	—	—	—	—	—	—
原材料公差									—	—	—	—	—	—						

表 2‑9　常用加工方法所能达到的公差等级

公差等级 加工方法	01	0	1	2	3	4	5	6	7	8	9	10	11	12	13	14	15	16	17	18
研磨	—	—	—	—	—	—														
珩磨						—	—	—	—											
圆磨							—	—	—	—										

公差等级 加工方法	01	0	1	2	3	4	5	6	7	8	9	10	11	12	13	14	15	16	17	18
平磨							—	—	—											
金刚石车							—	—	—											
金刚石镗							—	—	—											
拉削							—	—	—	—										
铰孔								—	—	—	—									
精车精镗								—	—	—	—									
粗车												—	—	—						
粗镗												—	—	—	—					
铣										—	—	—	—	—						
刨、插												—	—	—						
钻削												—	—	—	—					
冲压												—	—	—	—					
滚压、挤压												—	—	—						
锻造																	—	—		
砂型铸造																		—	—	
金属型铸造																	—	—		
气割																			—	—

表 2 - 10　常用公差等级的应用

公差等级	应　　用
5 级	主要用在配合公差、形状公差要求甚小的地方,它的配合性质稳定,一般在机床、发动机、仪表等重要部位应用。例如,与 P5 级滚动轴承配合的箱体孔;与 P6 级滚动轴承配合的机床主轴、机床尾架与套筒,精密机械及高速机械中轴径、精密丝杠轴径等
6 级	配合性质能达到较高的均匀性。例如,与 P6 级滚动轴承相配合的孔、轴径;与齿轮、蜗轮、联轴器、带轮、凸轮等联结的轴径,机床丝杠轴径;摇臂钻立柱;机床夹具中导向件外径尺寸;6 级精度齿轮的基准孔,7、8 级精度齿轮的基准轴径
7 级	7 级精度比 6 级稍低,应用条件与 6 级基本相似,在一般机械制造中应用较为普遍。例如,联轴器、带轮、凸轮等的孔径;机床夹盘座孔;夹具中固定钻套,可换钻套;7、8 级齿轮的基准孔,9、10 级齿轮的基准轴
8 级	在机器制造中属于中等精度。例如,轴承座衬套沿宽度方向尺寸,9～12 级齿轮的基准孔;11、12 级齿轮的基准轴
9、10 级	主要用于机械制造中轴套外径与孔,操纵件与轴,空轴带轮与轴,单键与花键
11、12 级	配合精度很低,装配后可能产生很大间隙,适用于基本上没有什么配合要求的场合。例如,机床上法兰盘与止口;滑块与滑移齿轮;加工中工序间尺寸;冲压加工的配合件;机床制造中的扳手孔与扳手座的联结

用类比法选择公差等级时,除参考以上各表外,还应考虑以下问题。

(1)孔和轴的工艺等价性　孔和轴的工艺等价性是指将孔与轴加工难易程度视为相当。在公差等级≤8级时,中小尺寸的孔加工比相同尺寸、相同等级的轴加工要困难,加工成本也要高些,其工艺性是不等价的。为了使组成配合的孔、轴工艺等价,其公差等级应按优先常用配合(见表2-5、表2-6)孔、轴相差一级选用,这样就可以保证孔轴工艺等价。在实践中如有必要,仍允许同级组成配合。按工艺等价性选择轴的公差等级,见表2-11。

表2-11　按工艺等价性选择轴的公差等级

要求配合	条件:孔的公差等级	轴应选用的公差等级	实　例
间隙配合、过渡配合	≤IT8	轴比孔高一级	H7/f6
	>IT8	轴与孔同级	H9/d9
过盈配合	≤IT7	轴比孔高一级	H7/p6
	>IT7	轴与孔同级	H8/s8

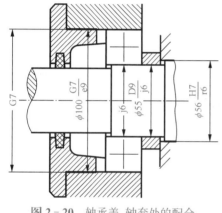

图2-20　轴承盖、轴套处的配合

(2)相关件与配合件的精度

如图2-20所示,齿轮孔与轴的配合,它们的公差等级决定于相关齿轮的精度等级(可参阅有关齿轮的国家标准)。与滚动轴承相配合的外壳孔和轴颈的公差等级,决定于相配合的滚动轴承的公差等级。

(3)配合与成本

相配合的孔、轴公差等级的选择,为了降低成本,应在满足使用要求的前提下,尽可能取低等级。在图2-20中的轴颈与轴套的配合,按工艺等价原则,轴套应选7级公差(加工成本较高),但考虑到它们在径向只要求自由装配,为较大间隙量的间隙配合,此处选择9级精度的轴套,有效地降低了成本。

2.3.3　配合的选择

配合种类的选择是在确定了基准制的基础上,根据机器或部件的性能允许间隙或过盈的大小情况,选定非基准件的基本偏差代号。有的配合也同时确定基准件与非基准件的公差等级。

当孔、轴有相对运动要求时,选择间隙配合;当孔、轴无相对运动时,应根据具体工作条件的不同,确定过盈(用于传递扭矩)、过渡(主要用于精确定心)配合。确定配合类别后,首先应尽可能地选用优先配合;其次是常用配合;再次是一般配合;最后若仍不能满足要求,则可以选择其他任意的配合。

用类比法选择配合,要着重掌握各种配合的特征和应用场合,尤其是对国家标准所规定的常用与优先配合的特点要熟悉。表2-12为尺寸≤500mm,基孔制、基轴制优先配合的特征及应用场合;表2-13为各种基本偏差选用说明,可供选择时参考。

表 2－12 优先配合选用说明

配合类别	配合特征	配合代号					应 用
间隙配合	特大间隙	$\dfrac{H11}{a11}$	$\dfrac{H11}{b11}$	$\dfrac{H12}{b12}$			用于高温或工作时要求大间隙的配合
	很大间隙	$\left(\dfrac{H11}{c11}\right)$	$\left(\dfrac{H11}{d11}\right)$				部位用于工作条件较差、受力变形或为了便于装配而需要大间隙的配合和高温工作的配合
	较大间隙	$\dfrac{H9}{c9}$ $\dfrac{H8}{e7}$	$\dfrac{H10}{c10}$ $\dfrac{H8}{e8}$	$\dfrac{H8}{d8}$ $\dfrac{H9}{e9}$	$\left(\dfrac{H9}{d9}\right)$	$\dfrac{H10}{d10}$	用于高速重载的滑动轴承或大直径的滑动轴承，也可用于大跨距或多支点支承的配合
	一般间隙	$\dfrac{H6}{f5}$	$\dfrac{H7}{f6}$	$\left(\dfrac{H8}{f7}\right)$	$\dfrac{H8}{f8}$	$\dfrac{H9}{f9}$	用于一般转速的动配合。当温度影响不大时，广泛应用于普通润滑油润滑的支承处
	很小间隙	$\left(\dfrac{H7}{g6}\right)$	$\dfrac{H8}{g7}$				用于精密滑动零件或缓慢间歇回转的零件配合
	很小间隙和零间隙	$\dfrac{H6}{g5}$ $\dfrac{H8}{h8}$ $\dfrac{H12}{h12}$	$\dfrac{H6}{h5}$ $\left(\dfrac{H9}{h9}\right)$	$\left(\dfrac{H7}{h6}\right)$ $\dfrac{H10}{h10}$	$\left(\dfrac{H8}{h7}\right)$ $\left(\dfrac{H11}{h11}\right)$		用于不同精度要求的一般定位件的配合和缓慢移动与摆动零件的配合
过渡配合	绝大部分有微小间隙	$\dfrac{H6}{js5}$	$\dfrac{H7}{js6}$	$\dfrac{H8}{js7}$			用于易于装拆的定位配合或加紧固件后，可传递一定静载荷的配合
	大部分有微小间隙	$\dfrac{H6}{k5}$	$\left(\dfrac{H7}{k6}\right)$	$\dfrac{H8}{k7}$			用于稍有振动的定位配合。加紧固件可传递一定载荷，装拆方便，可用木锤敲入
	大部分有微小过盈	$\dfrac{H6}{m5}$	$\dfrac{H7}{m6}$	$\dfrac{H8}{m7}$			用于定位精度较高，且能抗振的定位配合。加键可传递较大载荷，可用铜锤敲入或小压力压入
	绝大部分有微小过盈	$\left(\dfrac{H7}{n6}\right)$	$\dfrac{H8}{n7}$				用于精度定位或紧密组合件的配合。加键能传递大力矩或冲击性载荷，只在大修时拆卸
	绝大部分有较小过盈	$\dfrac{H8}{p7}$					加键后能传递很大力矩，且承受振动和冲击的配合。装配后不再拆卸
过盈配合	轻型	$\dfrac{H6}{n5}$ $\dfrac{H8}{r7}$	$\dfrac{H6}{p5}$	$\left(\dfrac{H7}{p6}\right)$	$\dfrac{H6}{r5}$	$\dfrac{H7}{r6}$	用于精确的定位配合，一般不能靠过盈传递力矩。要传递力矩尚需加紧固件
	中型	$\dfrac{H6}{s5}$ $\dfrac{H8}{t7}$	$\left(\dfrac{H7}{s6}\right)$	$\dfrac{H8}{s7}$	$\dfrac{H6}{t5}$	$\dfrac{H7}{t6}$	不需加紧固件就可传递较小力矩和轴向力。加紧固件后，可承受较大载荷或动载荷的配合

配合类别	配合特征	配合代号	应　用
	重型	$\left(\dfrac{H7}{u6}\right)$　$\dfrac{H8}{u7}$　$\dfrac{H7}{v6}$	不需加紧固件就可传递和承受大的力矩和动载荷的配合。要求零件材料有高强度
	特重型	$\dfrac{H7}{x6}$　$\dfrac{H7}{y6}$　$\dfrac{H7}{z6}$	能传递与承受很大力矩和动载荷配合,须经试验后方可应用

注:① 括号内的配合为优先配合。
　　② 国家标准规定的 44 种基轴制配合的应用与本表中的同名配合相同。

表 2 - 13　各种基本偏差选用说明

配合	基本偏差	特性及应用
间隙配合	a, b (A, B)	可得到特别大的间隙,应用很少
	c (C)	可得到很大的间隙,一般适用于缓慢、松弛的动配合,用于工作较差(或农业机械)、受力变形或为了便于装配,而必须有较大的间隙。也用于热动间隙配合
	d (D)	适用于松的转动配合,如密封、滑轮、空转皮带轮与轴的配合,也适用于大直径滑动轴承配合以及其他重型机械中的一些滑动支承配合。多用 IT7～IT11 级
	e (E)	适用于要求有明显间隙,易于转动的支承配合,如大跨距支承、多支点支承等配合,以及高速、重载支承。多用 IT7～IT9 级
	f (F)	适用于一般转动配合,广泛用于普通润滑油(或润滑脂)润滑的轴承,如齿轮箱、小电动机、泵等的转轴与滑动支承的配合。多用 IT6～IT8 级
	g (G)	配合间隙很小,制造成本高,除很轻负荷的精密装置外,不推荐用于转动配合。最适合不回转的精密滑动配合,也用于插销等定位配合。多用 IT5～IT7 级
	h (H)	广泛用于无相对转动的零件,作为一般的定位配合;若没有温度、变形影响,也用于精密滑动配合。多用 IT4～IT11 级
过渡配合	js (JS)	平均间隙较小,多用于要求间隙比 h 轴小,并允许略有过盈的定位配合,如联轴节、齿圈与钢制轮毂等,一般可用于手或木槌装配。多用 IT4～IT7 级
	k (K)	平均间隙接近于零,推荐用于要求稍有过盈的定位配合,如为了消除振动用的定位配合,一般可用木槌装配。多用 IT4～IT7 级
	m (M)	平均过盈较小,适用于不允许活动的精密定位配合,一般可用木槌装配。多用 IT4～IT7 级
	n (N)	平均过盈比 m 稍大,很少得到间隙,适用于定位要求较高且不常拆的配合,用锤或压力机转配。多用 IT4～IT7 级
过盈配合	p (P)	用于小过盈配合。与 H6 或 H7 配合时是过盈配合,而与 H8 配合时为过渡配合。对非铁类零件,为轻的压入配合;对钢、铸铁或铜—钢组件装配,为标准压力配合。多用 IT5～IT7 级

续 表

配合 基本偏差	特性及应用
r (R)	用于传递大扭矩或受冲击载荷需要加键的配合。对铁类零件,为中等打入配合;对非铁类零件,为轻的打入配合。多用 IT5～IT7 级
s (S)	用于钢制和铁制零件的永久性和半永久性结合,可产生相当大的结合力,用压力机或热胀冷缩法装配。多用 IT5～IT7 级
t～z (T～Z)	过盈量依次增大,除 u 外,一般不推荐

选择配合时,还应考虑以下几方面。

(1) 载荷的大小 载荷过大,需要过盈配合的过盈量增大。对于间隙配合,要求减小间隙;对于过渡配合,要选用过盈概率大的过渡配合。

(2) 配合的装拆 经常需要装拆的配合比不常拆装的配合要松,有时零件虽然不常装拆,但受结构限制,装配困难的配合也要选择较松的配合。

(3) 配合件的长度 当部位结合面较长时,由于受几何误差的影响,实际形成的配合比结合面短的配合要紧,因此在选择配合时应适当减小过盈或增大间隙。

(4) 配合件的材料 当配合件中有一件是铜或铝等塑性材料时,考虑到它们容易变形,选择配合时可适当增大过盈或减小间隙。

(5) 温度的影响 当装配温度与工作温度相差较大时,要考虑热变形对配合的影响。

(6) 工作条件 不同的工作情况对过盈或间隙的影响,见表 2-14。

表 2-14 工作情况对过盈或间隙的影响

具体情况	过盈 增或减	间隙 增或减	具体情况	过盈 增或减	间隙 增或减
材料强度低	减	—	装配时可能歪斜	减	增
经常拆卸	减	—	旋转速度增高	增	增
有冲击载荷	增	减	有轴向运动	—	增
工作时孔温高于轴温	增	减	润滑油黏度增大	—	增
工作时轴温高于孔温	减	增	表面趋向粗糙	增	减
配合长度增大	减	增	单件生产相对于成批生产	减	增
配合面形状和位置误差增大	减	增			

2.4 公差等级的选择及配合工程实例

2.4.1 工程应用实例一

圆锥齿轮减速器如图 2-21 所示,已知传递的功率 $P = 100$ kW,中等转速 $n =$

750 r/min，稍有冲击，在中小型工厂小批生产。选择以下 4 处的公差等级和配合：①联轴器 1 和输入轴 2 的配合处（$\phi40$）（联轴器 1 是用精制螺栓连接的固定式刚性联轴器）；②带轮 8 和输出轴 11 的配合处（$\phi50$）；③小锥齿轮 10 和输入轴 2 的配合处（$\phi45$）；④套杯 4 外径和箱体 6 座孔的配合处（$\phi130$）。

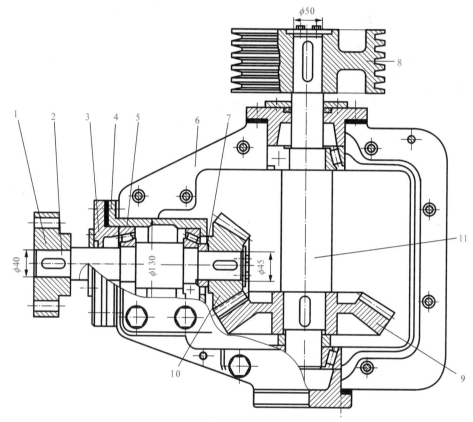

1—联轴器 2—输入轴 3—轴承端盖 4—套杯 5—轴承 6—箱体 7—套筒
8—带轮 9—大锥齿轮 10—小锥齿轮 11—输出轴

图 2-21 圆锥齿轮减速器

由于①~④处配合无特殊的要求，所以优先采用基孔制。

（1）联轴器 1 和输入轴 2 的配合处（$\phi40$） 联轴器 1 是用精制螺栓连接的固定式刚性联轴器，为防止偏斜引起附加载荷，要求对中性好。联轴器是中速轴上的重要配合件，无轴向附加定位装置，结构上采用紧固件，故选用过渡配合 $\phi40H7/m6$ 或 $\phi40H7/n6$。

（2）带轮 8 和输出轴 11 的配合处（$\phi50$） 带轮 8 和输出端轴径配合和上述配合比较，因是挠性件传动，故定心精度要求不高，且又有轴向定位件，为便于装卸可选用：H8/h7（h8，js7，js8），本例选用 $\phi50H8/h8$。

（3）小锥齿轮 10 和输入轴 2 的配合处（$\phi45$） 小锥齿轮 10 内孔和轴径是影响齿轮传

动的重要配合,内孔公差等级由齿轮精度决定,一般减速器齿轮精度为 8 级,故基准孔为 IT7。为保证齿轮的工作精度和啮合性能,传递负载的齿轮和轴的配合要求准确对中,一般选用过渡配合加紧固件,可供选用的配合有 H7/js6(k6、m6、n6,甚至 p6、r6)。至于采用那种配合,主要考虑装卸要求、载荷大小、有无冲击振动、转速高低、批量生产等。此处是为中速、中载、稍有冲击、小批量生产,故选用 $\phi45H7/k6$。

(4) 套杯 4 外径和箱体 6 座孔的配合处($\phi130$)　套杯 4 外径和箱体孔配合是影响齿轮传动性能的重要部位,要求准确定心。但考虑到为调整锥齿轮间隙而轴向移动的要求,为便于调整,故选用最小间隙为零的间隙定位配合 $\phi130H7/h6$。

以上 4 处的公差等级和配合的标注如图 2-22 所示。

2.4.2　工程应用实例二

图 2-1 所示圆锥齿轮减速器,已知传递的功率 $P=100\,kW$,中等转速 $n=750\,r/min$,稍有冲击,在中小型工厂小批生产。圆锥齿轮减速器的小锥齿轮 10 和输入轴 2 的配合处 Φ_4 为基孔制的孔、轴配合,其公称尺寸为 $\Phi45\,mm$,要求配合间隙在 $-0.018\sim0.024$ 之间。试用计算法确定此配合代号。

$$T_f = X_{max} - Y_{max}(X_{min}) = 0.024 - (-0.018) = 0.042。$$

为了满足使用要求,查表 2-2 可知:IT6=0.016,IT7=0.025。这种公差等级最接近用户的要求,同时考虑到工艺等价原则,孔应选用 7 级公差 $T_h=0.025$,轴应选用 6 级公差 $T_s=0.016$。

又因为基孔制配合,所以 $EI=0$,$ES=EI+T_h=+0.025$。孔的公差带代号为 H7。

由 $X_{min}=EI-es=-0.018$ 可知 $es=EI-X_{min}=0.018$,对照表 2-3 可知,基本偏差代号为 k 的轴可以满足要求。所以轴的公差代号为 k6。其下偏差 $ei=+0.002$。

故满足要求的配合代号为 $\phi45H7/k6$。

2.4.3　工程应用实例三

蜗轮减速机部分的结构如图 2-23 所示,选用:①蜗轮轮缘与轮毂($\phi90$)、轮毂与蜗轮轴($\phi40$)的配合;②端盖与箱体($\phi140$)的配合的配合。

(1) 蜗轮轮缘与轮毂($\phi90$)、轮毂与蜗轮轴($\phi40$)的配合　蜗轮减速机属于精密配合,故轴用 IT6,孔用 IT7。

蜗轮轮缘 3 和轮毂 2 与蜗轮轴 7 的配合,均无相对运动,要求定心精度高,能传递动力。它们之间可选用过渡配合或小过盈配合,加紧固件。确定采用基孔制。蜗轮轮缘 3 与轮毂 2 的配合,采用过盈配合,用螺钉紧固,轮毂选用 s6,其配合为 $\phi90\dfrac{H7}{s6}$。

轮毂 2 与蜗轮轴 7 的配合,选用过渡配合,加键联结,轴选用 n6,其配合为 $\phi40\dfrac{H7}{n6}$。

(2) 端盖与箱体($\phi140$)的配合　端盖 1、5 与箱体 4 的配合,有较高的同轴度要求,以保

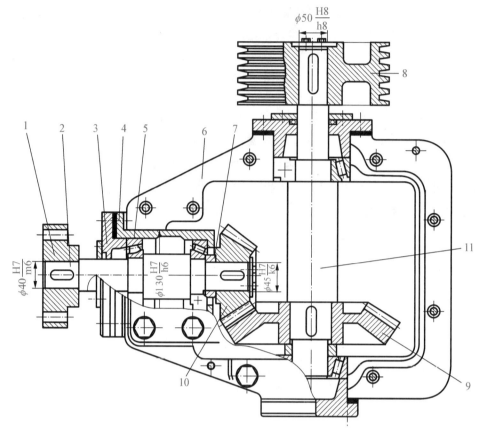

$\phi 50 \dfrac{H8}{h8}$

$\phi 40 \dfrac{H7}{m6}$ $\phi 130 \dfrac{H7}{h6}$ $\phi 45 \dfrac{H7}{k6}$

1—联轴器　2—输入轴　3—轴承端盖　4—套杯　5—轴承　6—箱体　7—套筒
8—带轮　9—大锥齿轮　10—小锥齿轮　11—输出轴

图 2 – 22　圆锥齿轮减速器

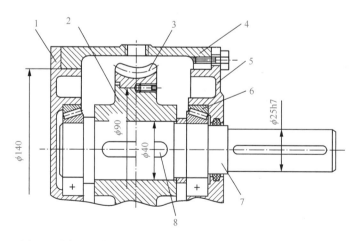

$\phi 140$ $\phi 90$ $\phi 40$ $\phi 25h7$

1、5—端盖　2—轮毂　3—蜗轮轮缘　4—蜗轮箱体　6—圆锥滚子轴承　7—蜗轮轴　8—键

图 2 – 23　蜗轮减速机部分结构图

证蜗杆与蜗轮的正确啮合。此外,为了方便装配和检修的拆卸,选用基准件配合,其配合为
H7/h6。

以上的公差等级和配合的标注如图 2-24 所示。

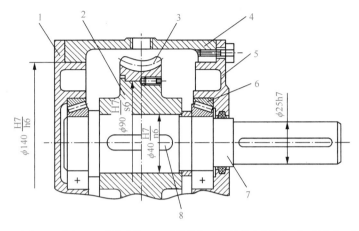

1,5—端盖 2—轮毂 3—蜗轮轮缘 4—蜗轮箱体 6—圆锥滚子轴承 7—蜗轮轴 8—链

图 2-24 蜗轮减速机部分结构图

2-1 判断题

(1) 公称尺寸是设计给定的尺寸,因此零件的实际要素越接近公称尺寸,则其精度越
高。 (　　)

(2) 公差,可以说是零件尺寸允许的最大偏差。 (　　)

(3) 尺寸的基本偏差可正、可负,一般都取正值。 (　　)

(4) 公差值越小的零件,越难加工。 (　　)

(5) 过渡配合可能具有间隙或过盈,因此过渡配合可能是间隙配合或是过盈配合。
(　　)

(6) 某孔的实际要素小于与其结合的轴的实际要素,则形成过盈配合。 (　　)

2-2 选择题

(1) $\phi30js8$ 的尺寸公差带图和尺寸零线的关系是_____。

　　A. 在零线上方 　　　　　　　　　B. 在零线下方

　　C. 对称于零线 　　　　　　　　　D. 不确定

(2) $\phi65g6$ 和_____组成工艺等价的基孔制间隙配合。

　　A. $\phi65H5$ 　　　B. $\phi65H6$ 　　　C. $\phi65H7$ 　　　D. $\phi65G7$

(3) 下列配合中,最松的配合是_____。

　　A. H8/g7 　　　B. H7/r6 　　　C. M8/h7 　　　D. R7/h6

　(4) $\phi 45F8$ 和 $\phi 45H8$ 的尺寸公差带图_____。

  A. 宽度不一样   B. 相对零线的位置不一样

  C. 宽度和相对零线的位置都不一样   D. 宽度和相对零线的位置都一样

　(5) 通常采用_____选择配合类别。

  A. 计算法   B. 试验法   C. 类比法

　(6) 公差带的选用顺序是尽量选择_____代号。

  A. 一般   B. 常用   C. 优先   D. 随便

2-3 按下表中给出的数值,计算表中空格的数值,并将计算结果填入相应的空格内。

	零件图上的要求/mm					测量的结果/mm		结论
序号	公称尺寸	极限尺寸	极限偏差	公差	尺寸标注	实际要素	实际偏差	合格与否
1	轴 $\phi 30$		$es = -0.040$ $ei = -0.092$			29.935		
2	轴 $\phi 40$		$es =$ $ei =$		$\phi 40^{-0.009}_{-0.034}$		0	
3	轴 $\phi 50$	50.015 49.990	$es =$ $ei =$				-0.010	
4	孔 $\phi 60$		$ES =$ $EI = 0$	0.060		60.020		
5	孔 $\phi 70$	70.015 69.985	$ES =$ $EI =$				$+0.010$	
6	孔 $\phi 90$		$ES =$ $EI = +0.036$	0.035			$+0.072$	

2-4 按下表中给出的数值,计算表中空格的数值,并将计算结果填入相应的空格内(单位为 mm)。

公称尺寸	上极限尺寸	下极限尺寸	上极限偏差	下极限偏差	公差
孔 $\phi 8$	8.040	8.025			
轴 $\phi 60$			-0.060		0.046
孔 $\phi 30$		30.020			0.100
轴 $\phi 50$				-0.050	-0.112

2-5 试根据下表中已有的数值,计算并填写该表空格中的数值(单位为 mm),并画公差带图。

公称尺寸	孔			轴			最大间隙或最小过盈 X_{max}	最小间隙或最大过盈 Y_{max}	平均间隙或平均过盈 X_m	配合公差 T_f	配合性质
	上极限偏差 ES	下极限偏差 EI	公差 T_h	上极限偏差 es	下极限偏差 ei	公差 T_s					
$\phi30$			0.021	0			−0.014			0.034	

2-6 已知孔和轴的配合代号为 $\phi50H7/g6$，查表确定其极限偏差，画出它们的公差带图，并计算它们的极限盈、隙值。

2-7 查表确定下列各孔、轴公差带的极限偏差，画出公差带图，说明配合性质及基准制，并计算极限盈、隙值。

(1) $\phi85H7/g6$；(2) $\phi45N7/h6$；(3) $\phi65H7/u6$；(4) $\phi110P7/h6$；(5) $\phi50H8/js7$；(6) $\phi40H8/h8$。

2-8 查表确定下列公差带的极限偏差：

$\phi95k7$；$\phi60js6$；$\phi60H8$；$\phi40F8$；$\phi50m6$；$\phi45r6$；$\phi100E9$。

2-9 设有一公称尺寸为 $\phi60$ mm 的配合，经计算确定其间隙应为 $0.025\sim0.110$ mm。若已决定采用基孔制，试确定此配合的孔、轴公差带代号，并画出其尺寸公差带图。

2-10 设有一公称尺寸为 $\phi110$ mm 的配合，经计算确定，为保证联结可靠，其过盈不得小于 -0.040 mm；为保证装配后不发生塑性变形，其过盈不得大于 -0.110 mm。若已决定采用基轴制，试确定此配合的孔、轴公差带代号，并画出其尺寸公差带图。

2-11 设有一公称尺寸为 $\phi25$ mm 的配合，为保证装拆方便和对中心的要求，其最大间隙和最大过盈均不得大于 0.020 mm。试确定此配合的孔、轴公差带代号(含基准制的选择分析)，并画出其尺寸公差带图。

2-12 锥齿轮减速机如题 2-12 图所示，已知传递的功率 $P=100$ kW，中等转速 $n=750$ r/min，稍有冲击，在中小型工厂小批生产。试选择大锥齿轮9和输出轴11配合处($\phi70$)的公差等级和配合。

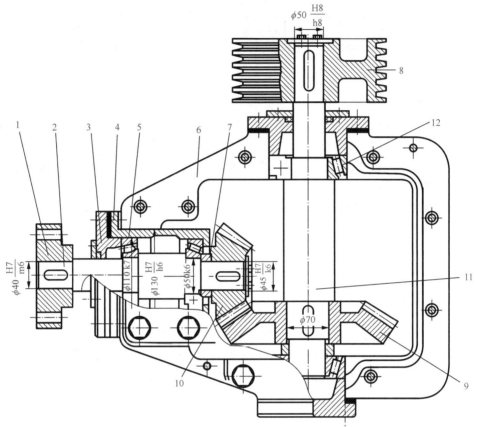

1—联轴器　2—输入轴　3—轴承端盖　4—套杯　5—轴承　6—箱体　7—套筒
8—带轮　9—大锥齿轮　10—小锥齿轮　11—输出轴　12—轴承

题 2 - 12 图

学习情境 3

测量技术基础

● 项目内容

◇ 测量技术基础。

● 学习目标

◇ 掌握测量技术的基本知识；

◇ 掌握测量方法、测量器具的分类和主要度量指标；

◇ 掌握常用量具和量仪的结构和特点、使用方法；

◇ 了解测量误差处理；

◇ 培养严谨的设计计算以及检测态度、质量意识、责任意识。

● 能力目标

◇ 初步学会根据机器和零件的功能要求，选用合适测量器具进行检测。

● 知识点与技能点

◇ 测量方法、测量器具的分类和主要度量指标；

◇ 常用量具和量仪的结构和特点、使用方法。

任 务 引 入

党的二十大提出:实施产业基础再造工程和重大技术装备攻关工程,支持专精特新企业发展,推动制造业高端化、智能化、绿色化发展。

减速器是工程上常用的部件,由齿轮、轴、轴承、轴承端盖、箱体、键、套筒、螺栓等等零件

组成,在制造、生产、维修中,每个零件都必须达到设计要求,必须是一个合格产品。那么,生产中如何判断零件为合格品? 选用什么测量仪器、测量方法进行测量? 如何进行测量误差处理? 这些知识,都与本学习情境的内容相关。

图 3-1　一级直齿圆柱齿轮减速器

没有测量,就没有科学;没有测量,就没有质量。测量是生产中重要的一环,测量仪器的正确选择、测量方法的正确使用,兢兢业业、严谨的工作态度,能保证工程质量。

图 3-2 所示为一级直齿圆柱齿轮减速器(见学习情境 4 中的图 4-1)输出轴系结构,生产中如何判断输出轴为合格零件? 选用什么测量方法、测量仪器测量? 如何处理测量误差?

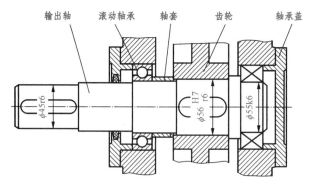

图 3-2　一级直齿圆柱齿轮减速器输出轴系结构

相 关 知 识

3.1 测量技术的基本概念

1. 基本概念

在机械制造业中,判断加工完成的零件是否符合设计要求,需要通过测量技术来进行。测量技术主要是研究对零件的几何量进行测量和检验的一门技术,其中零件的几何量包括长度、角度、几何形状、相互位置以及表面粗糙度等。国家标准是实现互换性的基础,测量技术是实现互换性的保证。测量技术就像机械制造业的眼睛一样,处处反映着产品质量的优劣,在生产中占据着举足轻重的地位。

所谓测量,是指确定被测对象的量值而进行的实验过程。通俗地讲,就是将一个被测量与一个作为测量单位的标准量进行比较的过程。这一过程必将产生一个比值,比值乘以测量单位即为被测量值。测量可用一个基本公式(基本测量方程式)来表示,即

$$L = Q \cdot E,$$

式中,L 为被测量值;E 为测量单位;Q 为比值。这说明,如果采用的测量单位 E 为 mm,与一个被测量比较所得的比值 Q 为 50,则其被测量值也就是测量结果应为 50 mm。测量单位愈小,比值就越大。测量单位的选择取决于被测几何量所要求的测量精度,精度要求越高,测量单位就应选得越小。

由测量的定义可知,任何一个测量过程都必须有明确的被测对象和确定的计量单位,还要有与被测对象相适应的测量方法,而且测量结果还要达到所要求的测量精度。因此,一个完整的测量过程应包括被测对象、计量单位、测量方法和测量精度等 4 个要素。

(1) 被测对象 本课程研究的被测对象是几何量,即长度、角度、形状、相对位置、表面粗糙度,以及螺纹、齿轮等零件的几何参数等。

(2) 计量单位 采用我国的法定计量单位。长度的计量单位为米(m),角度单位为弧度(rad)和度(°)、分(′)、秒(″)。

(3) 测量方法 测量时所采用的测量原理、计量器具和测量条件的总和。

(4) 测量精度 测量结果与被测量真值的一致程度。

测量是互换性生产过程中的重要组成部分。测量技术的基本要求是:在测量过程中,应保证计量单位的统一和量值准确;应将测量误差控制在允许范围内,以保证测量结果的精度;应正确地、经济合理地选择计量器具和测量方法,以保证一定的测量条件。

2. 长度基准与量值传递

(1) 长度单位和基准 国际单位制的基本长度单位是米(m)。而在机械制造业中,通常规定以毫米(mm)作为计量长度的单位。在技术测量中,也用到微米(μm)为计量单位。m, mm, μm 之间的换算关系为 1 m = 1 000 mm,1 mm = 1 000 μm。

1983 年第 17 届国际计量大会审议并批准通过了米的定义：1 m 是光在真空中在 1/299 792 458 s 时间间隔内所行程的长度。与此同时废除以前各种对米的定义。有关米制长度单位见表 3‑1。

表 3‑1　长度单位

单位名称	代号	对基本单位的比	单位名称	代号	对基本单位的比
微米	μm	0.000 001 m	米	m	基本单位 m
毫米	mm	0.001 m	十米	dam	10 m
厘米	cm	0.01 m	百米	hm	100 m
分米	dm	0.1 m	千米	km	1 000 m

（2）量值传递　使用光波长度基准，虽然可以达到足够的准确性，但却不便直接应用于生产中的量值测量。为了保证长度基准的量值能准确地传递到工业生产中去，就必须建立从光波基准到生产中使用的各种测量器具和工件的尺寸传递系统，如图 3‑3 所示。从图中可以看出，长度量

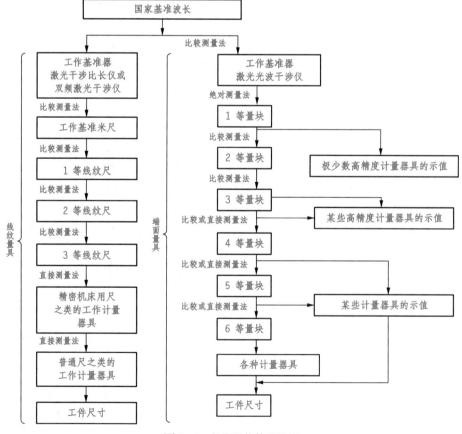

图 3‑3　长度量值传递系统

值分两个平行的系统向下传递,一个是端面量具(量块)系统,另一个是刻线量具(线纹尺)。这两种仍然是实际工作中的两个实体基准,是实现光波长度基准到测量实践之间的量值传递媒介。

3.2　测量方法的分类

广义地讲,测量方法是指测量时所采用的测量原理、计量器具以及测量条件的总和。但在实际工作中,测量方法一般是指获得测量结果的方式,可以从不同的角度进行分类。

1. 按实测量值是否为被测量值分

(1) 直接测量　直接从计量器具获得被测量量值的测量方法,如用外径千分尺直接测量圆柱体直径。

(2) 间接测量　通过测量出与被测量有已知函数关系的量,然后通过函数关系算出被测量的测量方法。如图 3-3 所示,测量大尺寸的圆弧直径 D 可采用间接测量,通过测量弦长 b 和弓形高度 h 计算出直径 D,即 $D = h + b^2/4h$。

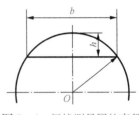

图 3-4　间接测量圆的直径

直接测量比较简单直观,间接测量比较繁琐,一般当被测尺寸不易测量或用直接测量达不到精度要求时,不得不采用间接测量。

2. 按计量器具的读数值是否直接表示被测尺寸分

(1) 绝对测量　计量器具的读数值直接表示被测尺寸。例如用游标卡尺、千分尺测量零件尺寸时,可直接读出其尺寸数值。

(2) 相对测量(比较测量)　计量器具的读数值只表示被测尺寸相对于标准量的偏差。例如,用比较仪测量轴的直径时,须先用量块调整好仪器的零位,然后进行测量,测得值是被测轴的直径与量块尺寸的差值,这是相对测量。

一般说来,相对测量的测量精度比较高些,但测量较麻烦。

3. 按计量器具的测头是否接触被测表面可分为

(1) 接触测量　计量器具的测量头与被测表面直接接触,并有机械作用的测量力。例如,用百分表测量轴的圆跳动。

(2) 不接触测量　计量器具的测量头与被测表面不接触,不存在机械测量力。例如,用显微镜测量零件尺寸、气动量仪测量孔径等。

由于接触测量时有测量力存在,因而会产生变形,产生测量误差,并且会使测头磨损以及划伤零件表面,但对零件表面的油污、切削液等不甚敏感。不接触测量没有测量力引起的误差,故适宜于软质表面或薄壁易变形零件的测量。

4. 按同时测量参数的多少可分为

(1) 单项测量　对被测零件的每个参数分别单独量出。例如,用工具显微镜测量螺纹时,可分别单独量出螺纹的中径、牙型半角和螺距等参数。

（2）综合测量　测量零件两个或两个以上相关参数的综合效应或综合指标。例如，用螺纹塞规或环规检验螺纹的作用中径。

综合测量一般效率较高，对保证零件的互换性更为可靠，常用于完工零件的检验，特别适用于成批和大量生产。单项测量能分别确定每一参数的误差，一般用于工艺分析、工序检验及对指定参数的测量。

5. 按技术测量在加工过程中所起的作用可分为

（1）被动测量　在工件加工完毕后进行的测量。此种测量只能判别零件是否合格，仅限于发现并剔出废品。

（2）主动测量　在加工工件过程中进行的测量。其测量结果直接用来控制零件的加工过程，从而及时防止废品的产生。主动测量既能保证产品质量，又能提高生产率、实现自动控制，是当前技术测量的发展方向之一。

6. 按被测零件在测量过程中所处的状态分

（1）静态测量　测量时，被测表面与测头是相对静止的。例如，用千分尺测量零件直径。

（2）动态测量　测量时，被测表面与测头模拟工作状态作相对运动。例如，用圆度仪测量圆度误差，用电动轮廓仪测量表面粗糙度等。

动态测量效率高而可靠，也是当前技术测量发展方向之一。

以上测量方法的分类是从不同角度考虑的，但对一个具体的测量过程，可能同时兼有几种测量方法的特征。例如，用千分尺直接测量零件直径，属直接测量、绝对测量、接触测量和被动测量等。因此，测量方法的选择应考虑被测对象的结构特点、精度要求、生产批量、技术条件和经济效益等。

3.3　测量器具的分类和主要度量指标

3.3.1　测量器具的分类

测量器具是量具、量规、量仪和其他用于测量目的的测量装置的总称。计量器具按结构特点可分为量具、量规、量仪和测量装置等 4 类。

1. 量具

量具是指以固定形式体现量值的计量器具。量具又可分为单值量具（如量块）和多值量具（如线纹尺）。量具的特点是一般没有放大装置。

2. 量规

量规是指没有刻度的专用计量器具，用来检验工件实际要素和几何误差的综合结果。量规只能判断工件是否合格，而不能获得被测几何量的具体数值，如光滑极限量规、螺纹量规等。

3. 量仪

量仪是指能将被测量转换成可直接观测的指示值或等效信息的计量器具。其特点是一般都有指示、放大系统。根据所测信号的转换原理和量仪本身的结构特点,量仪可分为以下几种:

1) 卡尺类量仪,如数显卡尺、数显高度尺、数显量角器、游标卡尺等。

2) 微动螺旋副类量仪,如数显千分尺、数显内径千分尺、普通千分尺等。

3) 机械类量仪,如百分表、千分表、杠杆比较仪、扭簧比较仪等。

4) 光学类量仪,如光学计、工具显微镜、光学分度头、测长仪、投影仪、干涉仪、激光准直仪、激光干涉仪等。

5) 气动类量仪,如压力式气动量仪、流量计式气动量仪等。

6) 电学类量仪,如电感比较仪、电动轮廓仪等。

7) 机电光综合类量仪,如三坐标测量仪、齿轮测量中心等。

4. 测量装置

测量装置是指为确定被测量所必需的测量装置和辅助设备的总体。它能够测量较多的几何参数和较复杂的工件,如连杆和滚动轴承等工件可用测量装置进行测量。

3.3.2　测量器具的度量指标

度量指标是指测量中应考虑的测量工具的主要性能,它是选择和使用测量工具的依据。其基本度量指标如图 3-5 所示。

(1) 刻度间距 C　也叫分度间距,简称刻度。它是指计量器具的刻度标尺或度盘上两

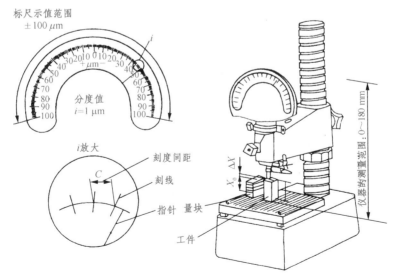

图 3-5　计量器具的基本度量指标

相邻刻线中心之间的距离,一般为1~2.5 mm。

（2）分度值 i　也叫刻度值、精度值,简称精度。它是指测量器具标尺上一个刻度间距所代表的测量数值。

（3）示值范围　是指测量器具标尺上全部刻度间隔所代表的测量数值。

（4）量程　计量器具示值范围的上限值与下限值之差。

（5）测量范围　测量器具所能测量出的最大和最小的尺寸范围。一般地,将测量器具安装在表座上,它包括标尺的示值范围、表座上安装仪表的悬臂能够上、下移动的最大和最小的尺寸范围。

（6）灵敏度　能引起量仪指示数值变化的被测尺寸的最小变动量。灵敏度说明了量仪对被测数值微小变动引起反应的敏感程度。

（7）示值误差　量具或量仪上的读数与被测尺寸实际数值之差。

（8）测量力　在测量过程中,量具或量仪的测量头与被测表面之间的接触力。

（9）放大比 K　也叫传动比,它是指量仪指针的直线位移（或角位移）与引起这个位移的原因（即被测量尺寸变化）之比。这个比等于刻度间距与分度值之比,即 $K = C/i$。

3.4　常用量具和量仪

3.4.1　常用的长度测量仪器

1. 量块

（1）量块的用途和结构　量块也称为块规,它是保持度量统一的重要量具。在工厂使用的量具中,量块常作为长度的基础。

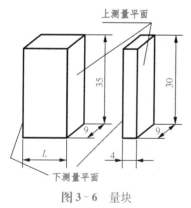

图 3-6　量块

量块的主要用途是用来检定和校准量具与量仪的基准量具,在相对测量时用来调整测量器具的零位。在某些情况下,量块可用于精密测量,也可用于机床的调整。

量块的结构很简单,通常制成长方体,有两个经过精密加工过的平行平面,作为测量平面。当量块测量面之间的公称尺寸 L 大于 10 mm 时,其测量面尺寸为 35×9;当 L 小于 10 mm 时,则为 30×9,如图 3-6 所示。

量块与量块之间具有良好的研合性。利用这种研合的特性,在使用时可以把尺寸不同的量块组合成量块组,以提高利用率。

为了能够把量块组成各种尺寸,量块是成套制造的,形成系列尺寸,把量块装在特制的盒内。成套量块的组合尺寸见表 3-2。

表 3－2　成套量块的组合尺寸

套别	总块数	级别	尺寸系列/mm	间隔/mm	块　数
1	91	0，1	0.5	—	1
			1	—	1
			1.001，1.002，…，1.009	0.001	9
			1.01，1.02，…，1.49	0.01	49
			1.5，1.6，…，1.9	0.1	5
			2.0，2.5，…，9.5	0.5	16
			10，20，…，100	10	10
2	83	0，1，2	0.5	—	1
			1	—	1
			1.005		1
			1.01，1.02，…，1.49	0.01	49
			1.5，1.6，…，1.9	0.1	5
			2.0，2.5，…，9.5	0.5	16
			10，20，…，100	10	10
3	46	0，1，2	1	—	1
			1.001，1.002，…，1.009	0.001	9
			1.01，1.02，…，1.09	0.01	9
			1.1，1.2，…，1.9	0.1	9
			2，3，…，9	1	8
			10，20，…，100	10	10

把量块组合成一定尺寸时的方法:先从所给定的尺寸最后一位数字考虑,每选一块应使尺寸的位数减少 1～2 位,使量块数量尽可能少,以减少累积误差。例如,要组成 38.935 mm 的尺寸,若采用 83 块一套的量块,其选用的方法是

$$
\begin{array}{r}
38.935 \\
-\;\;1.005 \\
\hline
37.93 \\
-\;\;1.43 \\
\hline
36.5 \\
-\;\;6.5 \\
\hline
30
\end{array}
$$

……第一块量块尺寸为 1.005 mm

……第二块量块尺寸为 1.43 mm

……第三块量块尺寸为 6.5 mm

……第四块量块尺寸为 30 mm

全部组合尺寸为 38.935 mm。

（2）量块的精度　量块的尺寸精度分为 00，0，1，2，3 和 K 级，其中 00 级精度最高，3 级精度最低，K 级为校准级。常用级量块的允许偏差见表 3-3。

表 3-3　量块的精度指标（摘选）

标称长度 l_n/mm	K 级		0 级		1 级		2 级		3 级	
	量块测量面上任意点长度相对于标称长度的极限偏差 $\pm t_e$	量块长度变动量最大允许值 t_v	量块测量面上任意点长度相对于标称长度的极限偏差 $\pm t_e$	量块长度变动量最大允许值 t_v	量块测量面上任意点长度相对于标称长度的极限偏差 $\pm t_e$	量块长度变动量最大允许值 t_v	量块测量面上任意点长度相对于标称长度的极限偏差 $\pm t_e$	量块长度变动量最大允许值 t_v	量块测量面上任意点长度相对于标称长度的极限偏差 $\pm t_e$	量块长度变动量最大允许值 t_v
	/μm									
$l_n \leqslant 10$	0.20	0.05	0.12	0.10	0.20	0.16	0.45	0.30	1.00	0.50
$10 < l_n \leqslant 25$	0.30	0.05	0.14	0.10	0.30	0.16	0.60	0.30	1.20	0.50
$25 < l_n \leqslant 50$	0.40	0.06	0.20	0.10	0.40	0.18	0.80	0.30	1.60	0.55
$50 < l_n \leqslant 75$	0.50	0.06	0.25	0.12	0.50	0.18	1.00	0.35	2.00	0.55
$75 < l_n \leqslant 100$	0.60	0.07	0.30	0.12	0.60	0.20	1.20	0.35	2.50	0.60
$100 < l_n \leqslant 150$	0.80	0.08	0.40	0.14	0.80	0.20	1.60	0.40	3.00	0.65
$150 < l_n \leqslant 200$	1.00	0.09	0.50	0.16	1.00	0.25	2.00	0.40	4.00	0.70
$200 < l_n \leqslant 250$	1.20	0.10	0.60	0.16	1.20	0.25	2.40	0.45	5.00	0.75

注：距离测量面边缘 0.8 mm 范围内不计。

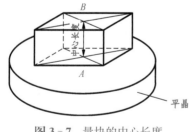

图 3-7　量块的中心长度

表 3-4 中的中心长度，是指量块的一个测量平面的中心到与量块的另一块测量平面相研合的平晶（平晶是一块厚度为 25 mm、直径为 80～100 mm 的圆柱形光学玻璃）表面间的垂直距离，如图 3-7 所示。

制造高精度的量块工艺要求高，成本也很高。在量块使用中又不可避免地会产生磨损，造成尺寸精度的下降。因此在实际使用时，常把量块的实际要素检定出来，按量块的实际要素使用，这样量块的使用尺寸精度就比较高。量块按检定精度可分为 1，2，3，4，5，6 共 6 等，各等精度量块的允许偏差见表 3-4。

表 3-4 各等量块的允许偏差

公称尺寸 /mm	1 等		2 等		3 等		4 等		5 等		6 等	
	中心长度测定误差	平面平行度偏差	中心长度测定误差	平面平行度偏差	中心长度测定误差	平面平行度偏差	中心长度测定误差	平面平行度偏差	中心长度测定误差	平面平行度偏差	中心长度测定误差	平面平行度偏差
	±μm											
～3	0.05	0.10	0.07	0.10	0.10	0.20	0.20	0.20	0.5	0.4	1.0	0.4
>3～6	0.05	0.10	0.07	0.10	0.10	0.20	0.20	0.20	0.5	0.4	1.0	0.4
>6～10	0.05	0.10	0.08	0.10	0.10	0.20	0.20	0.20	0.5	0.4	1.0	0.4
>10～18	0.06	0.10	0.08	0.10	0.15	0.20	0.25	0.20	0.6	0.4	1.0	0.4
>18～30	0.06	0.10	0.09	0.10	0.15	0.20	0.30	0.20	0.6	0.4	1.0	0.4
>30～50	0.07	0.12	0.10	0.12	0.20	0.25	0.35	0.25	0.7	0.5	1.5	0.5
>50～80	0.08	0.12	0.12	0.12	0.25	0.25	0.45	0.25	0.8	0.5	1.5	0.5
>80～120	0.10	0.15	0.15	0.15	0.30	0.30	0.60	0.30	1.0	0.6	2.0	0.6

采用量块附件扩大量块的使用范围,附件主要包括夹持器和各种量爪,如图 3-8(a)所示。将量块和附件一起装配,可以用来测量外径、内径尺寸和划线,如图 3-8(b)所示。

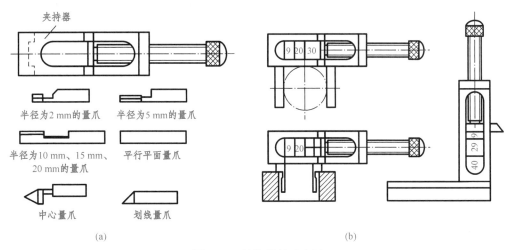

图 3-8 量块附件及应用

2. 卡钳

卡钳是一种间接测量的简单量具,不能直接测量出长度数值,必须与钢直尺或其他带有刻度值的量具一起使用。

卡钳分内卡钳和外卡钳两种。外卡钳可测量外尺寸,内卡钳可测量内尺寸。卡钳的使用方法,如图 3-9 所示。其中,图 3-9(a)表示用外卡钳测外圆直径尺寸;图 3-9(b)表示用内卡钳测内孔直径尺寸;图 3-9(c)表示用钢直尺调对卡钳的尺寸;图 3-9(d)表示用千分尺调对卡钳尺寸;图 3-9(e)表示用卡钳测壁厚尺寸。

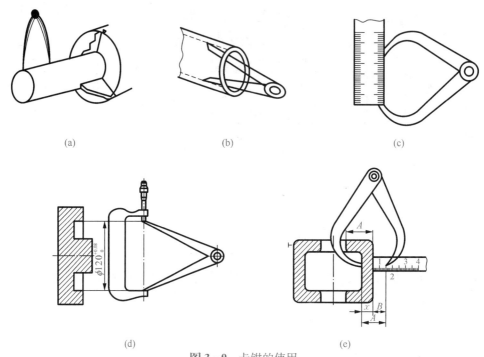

(a)　　　　　　　　(b)　　　　　　　　(c)

(d)　　　　　　　　　　(e)

图 3-9　卡钳的使用

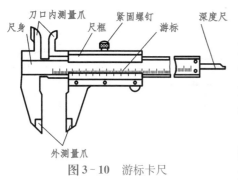

图 3-10　游标卡尺

3. 游标卡尺

游标卡尺可以用来测量内、外尺寸(如长度、宽度、厚度、内径和外径),孔距、高度和深度等,属于应用较广泛的游标类卡尺,具有结构简单、使用方便、测量范围大等特点。它是利用游标原理进行读数的。

(1)游标卡尺的结构　游标卡尺由主尺身和游标组成,如图 3-10 所示。当游标需要移动较大距离时,只要把紧固螺钉松开推动游标即可。游标卡尺上端的两个量爪可用来测量孔内径尺寸,而下端两量爪是测量外表面尺寸用的。

(2)游标卡尺的刻线原理及读尺方法　游标卡尺按其测量精度可分为 0.10,0.05 和 0.02 mm 3 种。目前机械加工中,常用精度为 0.02 mm 的游标卡尺。

游标卡尺的读数原理可用图 3-11 说明。主尺刻度间距 $a = 1$ mm，游标刻度间距 $b = 0.9$ mm，则主尺刻度间距与游标刻度间距之差为游标读数值 $i = a - b = 0.1$ mm。读数时，首先根据游标零线所处位置读出主尺刻度的整数部分；其次判断游标的第几条刻线与主尺刻线对准，此游标刻线的序号乘上游标读数值，则可得到小数部分的读数，将整数部分和小数部分相加，即为测量结果。

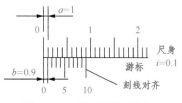

图 3-11　游标的读数原理

（3）游标卡尺的测量范围和精度　游标卡尺按所能测量的零件尺寸范围，制造出不同规格的游标卡尺。一个规格的只能适用于一定的尺寸范围。游标卡尺的测量范围和刻线值见表 3-5。

表 3-5　游标卡尺的测量范围和刻线值　　　　　　　　　　（单位：mm）

测量范围	刻线值	测量范围	刻线值
0～125	0.02, 0.05, 0.10	300～800	0.05, 0.10
0～200	0.02, 0.05, 0.10	400～1 000	0.05, 0.10
0～300	0.02, 0.05, 0.10	600～1 500	0.10
0～500	0.05, 0.10	800～2 000	0.10

游标卡尺是一种中等精度的量具，只能用于中等精度尺寸的测量和检验，不能用来测量毛坯件，否则容易造成损坏，也不能用游标卡尺去测量精度要求高的零件。游标卡尺的示值误差和适用尺寸公差等级见表 3-6。

表 3-6　游标卡尺的示值误差

游标读数值/mm	示值总误差/mm	被测件的尺寸公差等级
0.02	±0.02	12～16
0.05	±0.05	13～16
0.10	±0.10	14～16

目前，有一种数显卡尺代替了游标尺应用于生产。它利用电测方法测出位移量，由液晶显示读数，使用比较方便。

4. 千分尺

千分尺的种类很多，常用千分尺有内径千分尺（见图 3-12）、深度千分尺（见图 3-13）、外径千分尺（见图 3-14）。其中，外径千分尺用途最普通，被广泛地应用，下面对外径千分尺作重点介绍。

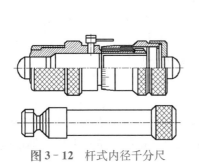

图 3-12 杆式内径千分尺

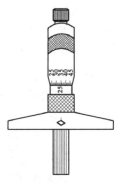

图 3-13 深度千分尺

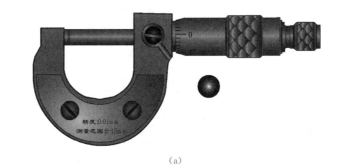

(a)

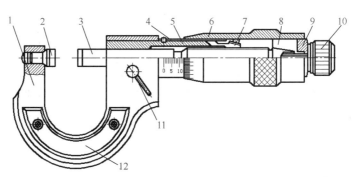

1—尺架 2—固定测量砧座 3—测微螺杆 4—轴套 5—固定套筒 6—微分筒
7—螺母 8—接头 9—垫片 10—测力控制装置 11—锁紧装置 12—绝热板

(b)

图 3-14 外径千分尺

(1) 外径千分尺的构造 常用的外径千分尺构造(以下简称千分尺)如图 3-14 所示，带刻度的固定套筒 5 内有螺纹轴套 4,其螺距为 0.5 mm;测微螺杆 3 右边的外螺纹与轴套 4 的内螺纹配合;固定套筒 5 外表面有带刻度的微分筒 6,它通过带锥度的接头 8 与测微螺杆后部的外锥体相联结;螺母 7 用来调节测微螺杆 3 运转时的松紧度;当测微杆固定不动时,可用锁紧装置 11 锁紧;松开垫片 9 时,可使测微螺杆与微分筒分离,以便调整零线位置;转动测力控制装置 10,测微螺杆和微分筒随之转动。当测微螺杆 3 左端面接触到工件时,测力控制装置 10 内部发出打滑的"卡、卡"跳动声音,此时,应锁紧测微螺杆,进行读尺。

(2)千分尺的刻线及读尺方法　在微分筒 6 左端圆锥面上的圆周位置刻有 50 等分的刻线。当微分筒旋转一周时,带动着测微螺杆 3 轴向移动 0.5 mm;而微分筒转过 1 小格(圆周的 $\frac{1}{50}$)时,测微螺杆的轴向位移为 $0.5 \text{ mm} \times \frac{1}{50} = 0.01 \text{ mm}$ 。 因此,千分尺的分度值为 0.01 mm,也就是测量精度为 0.01 mm。在千分尺上读尺寸的方法分 3 个步骤:

第一步:在固定套筒上读出其与微分筒边缘靠近的刻线数值(包括整毫米数和半毫米数)。

第二步:在微分筒上读出其固定套筒的基准线对齐的刻线数值。

第三步:尺寸读数是把以上两个数相加,如图 3 - 15 所示。

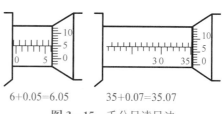

6+0.05=6.05　　35+0.07=35.07

图 3 - 15　千分尺读尺法

(3)千分尺的测量范围和精度　千分尺是一种测量精度比较高的通用量具。按制造精度可分为 0 级和 1 级两种,0 级精度较高,1 级较次之。千分尺的制造精度主要由它的示值误差和测量面平行度误差及尺架受力时变形量的大小来决定。常用千分尺的测量范围与精度要求见表 3 - 7。

表 3 - 7　千分尺的精度要求　　　　　　　　　　　　　　　(单位:mm)

测量范围	示值误差		两测量面平行度	
	0 级	1 级	0 级	1 级
0～25	±0.002	±0.004	0.001	0.002
25～50	±0.002	±0.004	0.001 2	0.002 5
50～75, 75～100	±0.002	±0.004	0.001 5	0.003
100～125, 125～150		±0.005		
150～175, 175～200		±0.006		
200～225, 225～250		±0.007		
250～275, 275～300		±0.007		

测量不同公差等级工件时,应首先检验标准规定,合理地选用千分尺。千分尺一般可检测尺寸公差等级 IT9～IT11。不同精度千分尺的使用范围,见表 3 - 8。

表 3-8 外径千分尺的使用范围

千分尺的精度级别	被测件的公差等级	
	适用范围	合理使用范围
0 级	IT8～IT16	IT8～IT9
1 级	IT9～IT16	IT9～IT10
2 级	IT10～IT16	IT10～IT11

使用时允许有 2 级千分尺,其示值误差一般是 1 级千分尺示值误差的 2 倍。

3.4.2 机械量议

1. 百分表

百分表是利用机械结构将被测工件的尺寸数值放大后,通过读数装置表示出来的一种测量工具。它具有体积小、结构简单、使用方便和价格便宜等优点,在计量室及车间中被广泛应用。

(1) 常用百分表

1) 指示百分表(分度值为 0.01 mm) 指示百分表主要用于测量长度尺寸、几何误差,检验机床的几何精度等,是机械加工生产和机械设备维修中不可缺少的量具,如图 3-16 所示。

2) 杠杆式百分表 杠杆式百分表用来测量零件的几何精度或调整工件的装夹位置,以及用比较法测量尺寸等,其外形如图 3-17 所示。

3) 内径百分表 内径百分表是用相对测量法测量内孔或槽宽的形状误差及尺寸大小的一种量仪,其外形如图 3-18 所示。

4) 杠杆齿轮比较仪 杠杆齿轮比较仪的结构如图 3-19 所示,主要用于测量外尺寸的形状和位置误差(如圆跳动和端面跳动等),也可用作其他精密测量的指示表头。

图 3-16 百分表   图 3-17 杠杆式百分表   图 3-18 内径百分表

1—指针　2—表盘　3—表壳　4—调零
旋钮　5—套筒　6—拨叉　7—测量杆
8—测头

图 3-19　杠杆齿轮比较仪

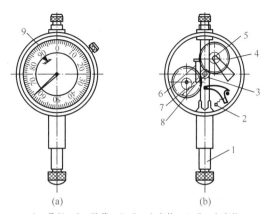

(a)　　　　　　　(b)

1—量杆　2—弹簧　3、5—小齿轮　4、7—大齿轮
6—游丝　8—长指针　9—短指针

图 3-20　百分表结构及传动原理

（2）百分表的结构、刻线原理和读数方法　如图 3-20 所示，当带有齿条的量杆 1 上、下移动时，带动与齿条啮合的小齿轮 5 转动，此时与小齿轮 5 固定在同一轴上的大齿轮 4 也跟着一起转动。通过大齿轮 4，即可带动小齿轮 3 及与小齿轮 3 固定在同一轴上的长针 8，这样通过齿轮传动机构，就可以将量杆的微小位置扩大转变为指针的偏转。

游丝 6 用于消除齿轮传动机械中由于齿侧间隙而引起的测量误差。游丝产生的扭矩作用在与小齿轮 3 啮合的大齿轮 7 上。因为大齿轮 4 也与小齿轮 3 啮合，这样可以保证在正、反转时，都能在同一齿侧面啮合。弹簧 2 的作用是控制百分表的测量力。

百分表的分度值为 0.01 mm，表面刻度盘上共有 100 等分格。按百分表的齿轮传动机构的传动原理，量杆移动 1 mm 时，指针回转一圈。当指针偏转 1 格时，量杆移动的距离为

$$L = 1 \times \frac{1}{100} \text{ mm} = 0.01 \text{ mm}。$$

读数方法是：先读短指针 9 与起始位置"0"之间的整数，再读长指针 8 在表盘上所指的小数部分值，两个数值相加就是被测尺寸。

（3）百分表的测量范围和精度　百分表的测量范围是指测量杆的最大移动量，一般有 0～3 mm，0～5 mm，0～10 mm 3 种。百分表制造精度可分为 0 级和 1 级两种，0 级精度较高，1 级次之。使用时，应根据被测量零件的精度要求选用，见表 3-9 和表 3-10。

表 3-9　百分表的主要技术数据　　　　　　　　（单位：μm）

精度等级	示值误差			任意 1 mm 内的示值误差	示值变化	回程误差
	0～3 mm	0～5 mm	0～10 mm			
0 级	9	11	14	6	3	4
1 级	14	17	21	10	3	6
（2 级）	20	25	30	18	5	10

表3-10 百分表的使用范围

分度值	精度等级	被测件的公差等级	
		适用范围/mm	合理使用范围
0.01 mm	0级	7~14	IT7~IT8
	1级	7~16	IT7~IT9
	(2级)	8~16	IT8~IT10

在工厂生产中,还有一种读数值为0.001 mm的千分表,主要用于测量精度更高的零件。

(4)百分表的使用方法 在使用时,百分表可装在表架上,表架放在平板上或某一平整位置上;测量头与被测表面接触时,测量杆应有一定的预压量,一般为0.3~1 mm,使其保持一定初始测量力,以提高示值的稳定性。同时,应把指针调整到表盘的零位。测量平面时,测量杆要与被测表面垂直。测量圆柱工件时,测量杆的轴线应与工件直径方向一致,并垂直于工件的轴线。

如图3-21(a)所示,百分表杆的位置符合上述要求才是正确的测量方法;图3-21(b)中,测量杆严重的倾斜,不与工件直径方向一致,属于错误的测量方法;图3-21(c)中,用百分表测量毛坯件,也属于错误方法。

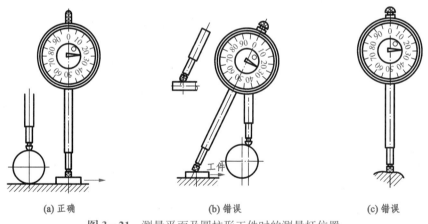

(a)正确   (b)错误   (c)错误

图3-21 测量平面及圆柱形工件时的测量杆位置

(5)内径百分表的结构及使用方法 图3-22所示是一种杠杆式传动的百分表,主体件3是个管状的,在一端装有活动测头1,另一端装有可换测头2,管口的一端通过直管4安装百分表7,弹簧6是控制测力的。百分表7的量杆与传动杆5始终接触,通过弹簧6经传动杆5,杠杆8向外顶着活动测头1。测量时,活动测头1的移动,使杠杆8回转,并通过传动杆5推动百分表7的量杆,使百分表指针回转。由于杠杆8是等臂的,当活动测头移动1 mm时,传动杆5也移动1 mm,推动百分表指针回转一圈。因此,活动测头的移动量就可以在百分表上读出。

弹簧9对活动测头起控制作用,定位护桥10起找正直径位置的作用,它保证了活动测

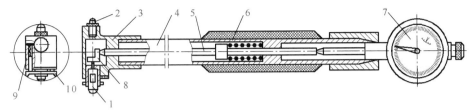

1—活动测头　2—可换测头　3—主体件　4—直管　5—传动杆
6—弹簧　7—百分表　8—杠杆　9—弹簧　10—定位护桥

图 3-22　内径百分表

头 1 和可换测头 2 的轴线位于被测孔的直径位置。

内径百分表的测量范围是由可换测头(根据被测尺寸大小更换)来确定的。内径百分表的分度值为 0.01 mm,主要技术参数见表 3-11。

表 3-11　内径百分表的主要技术数据　　　　　　　　　　（单位:mm）

测量范围		10~18	18~35	35~50	50~100	100~160	160~250	250~450
活动测头工作行程		0.8	1.0	1.2	1.6	1.6	1.6	1.6
测孔深度 H	Ⅰ型	≤70	≤80	≤90	≤100	≤150	≤200	≤250
	Ⅱ型	>130	>135	>150	>200	>300	>400	>500
示值误差		0.012	0.015	0.015	0.020	0.020	0.020	0.020

用内径百分表测量孔径是一种相对的测量方法。测量前,应根据被测孔径的尺寸大小,在千分尺或其他量具上调整好尺寸后才能进行测量。所以,在内径百分表上的数值是被测孔径的尺寸与标准孔径尺寸之差。使用内径百分表时,当指针正好指在零刻线上时,说明被测孔径与标准孔径相等;若指针顺时针方向偏转,表示被测孔小于标准孔径;反之,大于标准孔径。

2. 扭簧比较仪

扭簧比较仪是用来测量零件的形状偏差和跳动量的。如果先用量块调整好距离,则可测量零件尺寸。扭簧比较仪的外形如图 3-23 所示。常用的比较仪分度值为 0.01 mm 和 0.002 mm。在使用时,应先安装在专用架子上,然后再进行测量。

扭簧比较仪的分度值有 0.01、0.000 5、0.000 2、0.000 1 mm 四种,其标尺的示值范围分别为 ±0.030、±0.015、±0.006、±0.003 mm。

扭簧比较仪结构简单,放大比大,传动机构中没有摩擦和间隙,因此灵敏限很小,测量精度很高,常用于计量室或车间作精密测量,但指针和扭簧易损坏,在使用中要避免撞击。

图 3 - 23　扭簧比较仪

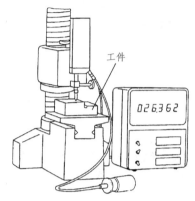

图 3 - 24　长杆件测量仪

3. 长杆件测量仪

长杆件测量仪的外形如图 3 - 24 所示。测得的尺寸由数字显示器显示,可测量工件的厚度。

3.4.3　光滑极限量规

在大量生产中,为了检验方便和减少精密量具的损耗,一般可以用光滑极限量规。光滑极限量规分卡规和塞规两种。卡规用来测量轴径或其他外表面尺寸,塞规用来测量孔径或其他内表面尺寸。

1. 卡规

卡规的形状如图 3 - 25 所示。它由两个测量规组成,尺寸大的一端在测量时应通过轴颈,叫做通规,它的尺寸是按轴或外表面的上极限尺寸来做的;尺寸小的一端在测量时应不通过轴颈,叫做止规,它的尺寸是按轴或外表面的最小极限尺寸来做的。

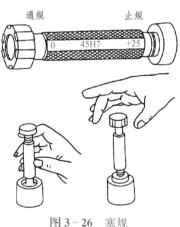

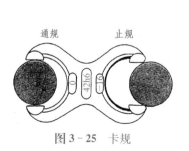

图 3 - 25　卡规

图 3 - 26　塞规

用卡规检验工件时,如果通规能通过,止规不能通过,这就说明这个零件的尺寸在允许的公差范围内,是合格的;否则,为不合格。

2. 塞规

塞规的形状如图 3-26 所示。它也由两个测量规组成,尺寸小的一端在测量内孔或内表面时应能通过,叫做通规,它的尺寸是按被测面的最小极限尺寸来做的;尺寸大的一端在测量时应不通过工件,叫做止规,它的尺寸是按被测面的上极限尺寸来做的。

用塞规检验工件时,如果通规能通过,止规不能通过,说明工件是合格的;否则,为不合格。

3.4.4　角度测量仪器

测量零件的角度可以使用直接测量和间接测量两种方法。

直接测量,就是用刻有分度的量具、量仪直接测出零件棱角的具体角度值,并且可以直接从量具、量仪上读出来,称为绝对测量。

间接测量,就是将具有一定角度的量具和被测量的角度相比较,用光隙法或涂色法估计被测量角度或偏差,称为相对测量。

在图样上棱角的角度值标注,常采用两种角度值。一种是度“°”,另一种就是分“′”,它们之间的换算关系为 $1° = 60′$。

1. 简单量角器

(1) 直角尺　直角尺(90°角尺)是一种检测直角和垂直度误差的定值量具,直角尺的结构形式较多,其中最常用的宽座角尺,如图 3-27 所示。宽座角尺结构简单,可以检测工件的内外角,结合塞尺使用还可以检测工件被测表面与基准面间的垂直度误差,并可用于划线和基准的校正等。

图 3-27　宽座直角尺

直角尺的制造精度有 00 级、0 级、1 级和 2 级 4 个精度等级。00 级的精度最高,一般作为实用基准,用来检定精度较低的直角量具;0 级和 1 级用于检验精密工件,2 级用于一般工件的检验。

(2) 检验平尺　用来检验工件的直线度和平面度的量具。检验平尺有两种类型:一种是样板平尺,根据形状不同,又可以分为刀口尺(刀形样板平尺)、三棱样板平尺和四棱样板平尺,如图 3-28 所示;另一种是宽工作面平尺,常用的有矩形平尺、工字形平尺和桥形平尺,如图 3-29 所示。

图 3-28　样板平尺

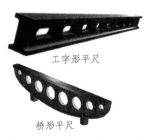

工字形平尺

桥形平尺

图 3-29　宽工作面平尺

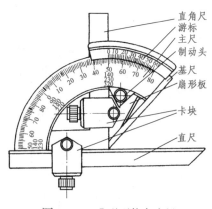

图 3-30 I 型万能角度尺

直角尺
游标
主尺
制动头
基尺
扇形板
卡块
直尺

2. 万能角度尺

万能角度尺根据测量范围不同可以分为 I 型万能角度尺和 II 型万能角度尺。

（1）I 型万能角度尺　测量范围是 0°～320°，如图 3-30 所示。基尺固定在主尺上，游标和扇形板与主尺作相对运动。在扇形板上用卡块固定着角尺，角尺上用卡块固定着可换尺。

I 型万能角度尺是根据游标原理制成的，在尺面上的半径方向均匀地刻有 120 条刻线，每格的夹角为 1°。游标上共有 30 格，每格的夹角是 $29°/30° = 58'$。因此主尺与游标之间每一小格之差为 $1° - 58' = 2'$。所以 I 型万能角度尺的游标读数值为 2'，见表 3-12。

表 3-12　万能角度尺的技术参数

型式	测量范围	游标数值	示值误差
I 型	0°～320°	2′，5′	±2′，±5′
II 型	0°～360°	5′，10′	±5′，±10′

I 型万能角度尺的可换尺与角尺的安装位置不同，所形成测量角度范围也不同。I 型万能角度尺安置角度的方法如图 3-31 所示。

根据被测角度的大小，选择好游标万能角尺。如图 3-31（a）所示的组合可以测量 0～

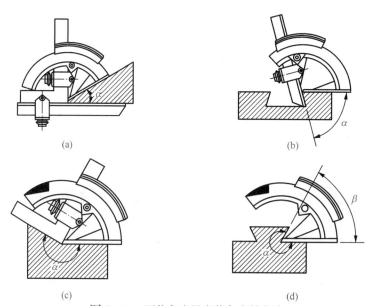

(a)

(b)

(c)

(d)

图 3-31　万能角度尺安装角度的方法

50°,如图 3 - 31(b)所示的组合可以测量 50°～140°,如图 3 - 31(c)所示的组合可以测量 140°～230°,如图 3 - 31(d)所示的组合可以测量 230°～320°。

(2) Ⅱ型万能角度尺　读数方法与Ⅰ型万能角度尺基本相同,只是被测角度的"分"的数值为游标格数乘以分度值 5′,如图 3 - 32 所示。

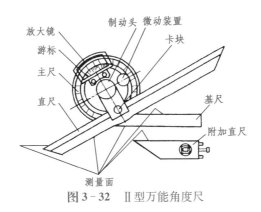

图 3 - 32　Ⅱ型万能角度尺

3. 正弦规

正弦规是一种采用正弦函数原理、利用间接法来精密测量角度的量具。它的结构和工作原理见 8.4.2。

3.4.5　平面测量仪器

1. 刀口形直尺

刀口形直尺是用漏光法和痕迹法来检验工件的直线度和平面的。检查时,刀口形直尺的工作面应紧靠并垂直于被测表面,然后观察被测表面与直尺之间的漏光缝隙大小,就可以判断被测表面是否平直。如图 3 - 32 所示。刀口形直尺的形式、精度等级和主要尺寸,见表 3 - 13。

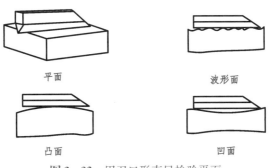

图 3 - 33　用刀口形直尺检验平面

表 3-13 刀口形直尺的形式、精度等级和主要尺寸

型式	简 图	精度等级	主要尺寸/mm		
			L	B	H
刀口形直尺		0级和1级	75 125 200 300 (400) (500)	6 8 (8) (10)	22 27 30 40 (45) (50)
三棱尺		0级和1级	200 300 500		26 30 40
四棱尺		0级和1级	200 300 500		20 25 35

刀口形直尺的使用注意事项：

1）刀口形直尺使用时不得碰撞，应确保棱边的完整性。

2）测量前，应检查刀口形直尺的测量面不得有划痕、碰伤、锈蚀等缺陷。

3）表面应保持清洁光亮。

2. 水平仪

水平仪是一种用来测量被测平面相对水平面的微小角度的计量器具。主要用于检测机床等设备导轨的直线度、机件工作面的平行度和垂直度，调整设备安装的水平位置，也可用来测量工件的微小倾角。水平仪有电子水平仪和水准式水平仪，常用的水准式水平仪有条式水平仪（见图 3-34）、框式水平仪（见图 3-35）、合像水平仪 3 种结构形式，其中以框式水平仪应用最多。

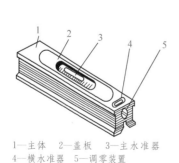

1—主体 2—盖板 3—主水准器
4—横水准器 5—调零装置

图 3-34 条式水平仪

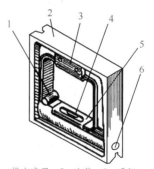

1—横水准器 2—主体 3—手把
4—主水准器 5—盖板 6—调零装置

图 3-35 框式水平仪

　　框式水平仪由铸铁框架和纵向、横向两个水准器组成。框架为正方形,除有安装水准器的下测量面外,还有一个与之相垂直的侧测量面(两测量面均带形槽),故当其侧测量面与被测表面相靠时,便可检测被测表面与水平面的垂直度。其规格有 150 mm×150 mm,200 mm×200 mm,250 mm×250 mm,300 mm×300 mm 等几种,其中 200 mm×200 mm 最为常用。

　　水准器的玻璃管上有刻度,管内装有乙醚或乙醇,不装满而留有一个气泡。气泡的位置随被测表面相对水平面的倾斜程度而变化,它总是向高的方向移动。若气泡在正中间,说明被测表面水平;若气泡向右移动了一格,说明右边高。例如,水平仪的分度值为 0.02 mm/1 000 mm(4″),表示被测表面倾斜了 4″,在 1 000 mm 长度上两端高度差为 0.02 mm。

　　设被测表面长度为 l,测量时气泡移动了 n 格,则相对倾角为

$$\alpha = 4'' \times n,$$

两端高度差为

$$H = \frac{0.02}{1\,000} \times l \times n \,(\mathrm{mm})。$$

例 3 - 1　用一分度值为 0.02 mm/1 000 mm(4″)的水平仪测量一长度为 600 mm 的导轨工作面的倾斜程度,测量时水平仪的气泡移动了 3 格,问该导轨工作面相对水平倾斜了多少?

　　解　相对倾角为

$$\alpha = 4'' \times 3 = 12''。$$

两端高度差为

$$H = \frac{0.02}{1\,000} \times 600 \times 3 = 0.036 \,(\mathrm{mm})。$$

3.5　测　量　误　差

1. 测量误差的基本概念

　　任何测量过程,无论测量方法如何正确,采用的量具精度再高,其测得值都不可能是被测要素的几何真值。即使在同一条件下,对同一被测要素的几何量连续多次测量,其测得的结果也不一定都完全相同,只能与真值相近似。

　　这种由于计量器具本身的误差和测量条件的限制,造成的测量结果与被测量要素真值之差,称为测量误差。测量误差常用绝对误差和相对误差两种指标评定。

　　(1)绝对误差 δ　绝对误差是测量结果与被测量的真值之差,即

$$\delta = L - L_1。$$

式中，L_1 为被测量要素真值；L 为测量结果。

因为测量的结果 L 可能大于或小于被测要素的真值 L_1，所以误差 δ 可能是正值也可能是负值，即

$$L = L_1 \pm |\delta|。$$

上式说明，测量误差绝对值的大小，决定了测量的精确度。误差愈大，测量的精确度就愈低；反之，则愈高。

（2）相对误差 f　当被测要素的几何量大小不同时，就不能用绝对误差来评定测量精度，这时应采取另一项指标即相对误差来评定。所谓相对误差，是指测量的绝对误差与被测几何量真值之比，即

$$f = \frac{|\delta|}{L_1}。$$

由于真值是未知的，故在实际中使用测量尺寸结果 L 代替 L_1（因为其差异极小，不影响对测量精度的评定）。

2. 测量误差产生的原因

（1）量具引起的误差　任何量具在设计、制造和使用中，都不可能避免产生误差，这些误差将会集中反映在量具的示值和测量的重复性上，从而直接影响量具测量时的精确度。

（2）方法误差　方法误差是指采用的方法不当，或测量的方法不完善所引起的误差。它包括计算公式不准确、测量方法不当、工件的安装和定位不正确，都会引起测量误差。

（3）环境引起的误差　由于测量时与规定的条件不一致所引起的误差。环境误差包括温度、湿度、气压、振动、灰尘等不符合规定要求时产生的测量误差。

（4）人员误差　人员误差是指由于测量人员的主观因素和操作技术所引起的误差。例如，测量人员使用计量器不正确、读尺的姿势不正确，而存在读尺视差等造成的测量误差。

3. 测量误差的种类和特性

测量误差按其性质分为随机误差、系统误差和粗大误差（过失或反常误差）。

（1）随机误差　随机误差是指在一定测量条件下，多次测量同一量值时，其数值大小和符号以不可预定的方式变化的误差，它是由于测量中的不稳定因素综合形成的，是不可避免的。例如，测量过程中温度的波动、振动、测量力的不稳定、量仪的示值变动、读数不一致等。某一次测量结果无规律可循，但如果进行大量、多次重复测量，随机误差分布则服从统计规律。

（2）系统误差　系统误差是指在一定测量条件下，多次测量同一量值时，误差的大小和符号均不变或按一定规律变化的误差。前者称为定值（或常数）系统误差，如千分尺的零位不正确而引起的测量误差；后者称为变值系统误差。按其变化规律的不同，变值系统误差又可分为以下 3 种类型。

1）线性变化的系统误差：线性变化的系统误差是指在整个测量过程中，随着测量时间

或量程的增减,误差值成比例增大或减小的误差。例如,随着时间的推移,温度在逐渐均匀变化,由于工件的热膨胀,长度随着温度而变化,因此,在一系列测得值中就存在着随时间而变化的线性系统误差。

2) 周期性变化的系统误差:周期性变化的系统误差是指随着测得值或时间的变化呈周期性变化的误差。例如,百分表的指针回转中心与刻度盘中心有偏心,指针在任一转角位置的误差按正弦规律变化。

3) 复杂变化的系统误差:复杂变化的系统误差是指按复杂函数变化或按实验得到的曲线图变化的误差。例如,由线性变化的误差与周期性变化的误差叠加形成复杂函数变化的误差。

(3) 粗大误差 粗大误差是指由于主观疏忽大意或客观条件发生突然变化而产生的误差,在正常情况下,一般不会产生这类误差。例如,由于操作者的粗心大意,在测量过程中看错、读错、记错,以及突然的冲击振动而引起的测量误差。通常情况下,这类误差的数值都比较大。

3.6 工程应用实例

图 3-36 所示为图 3-1 的直齿圆柱齿轮减速器输出轴零件图,生产质检时如何判断零件为合格产品(各级圆柱面的直径、长度尺寸合格)? 采用什么测量方法、测量仪器进行测量?

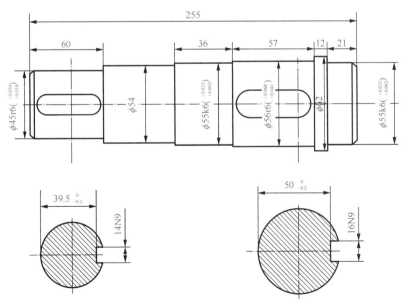

图 3-36 减速机输出轴

公差配合与测量技术

生产质检时,采用游标卡尺、千分尺测量各级圆柱面的直径、长度尺寸,具体的方法、步骤参考 9.1;键和键槽的尺寸用千分尺来测量,键槽宽度用量块或极限量规来检验。

3-1 测量的实质是什么?一个几何量的完整测量过程包含哪几个方面的要素?

3-2 举例说明什么是绝对测量和相对测量、直接测量和间接测量。

3-3 测量误差的主要来源有哪些?

3-4 尺寸 29.765 mm 和 38.995 mm 按照 83 块一套的量块应如何选择?

3-5 何为系统误差、随机误差和粗大误差?三者有何区别?

学习情境 4

【 公差配合与测量技术 】

几 何 公 差

项目内容

◇ 几何公差。

学习目标

◇ 掌握零件的几何要素、几何公差项目符号;
◇ 掌握几何公差及其公差带、公差原则,以及几何误差的检测;
◇ 了解几何公差等级的工程应用;
◇ 培养严谨的设计计算以及检测态度、质量意识、责任意识。

能力目标

◇ 掌握几何公差项目的符号和标注方法,按几何公差要求在零件图上正确标注;
◇ 学会根据机器和零件的功能要求,选用合适的几何公差及检测方法。

知识点与技能点

◇ 零件的几何要素、几何公差项目符号;
◇ 几何公差及其公差带、公差原则,以及几何误差的检测;
◇ 几何公差的工程应用。

任 务 引 入

减速器是工程上常用的部件,图4-1所示为一级直齿圆柱齿轮减速器,减速器中的零件,如输入轴、输出轴、齿轮等的几何误差对零件使用性能有何影响? 如何根据工况条件,选择形状和位置几何公差项目、几何公差等级以及基准? 如何选择测量仪器和测量方法? 如

公差配合与测量技术

何标注零件的几何公差?

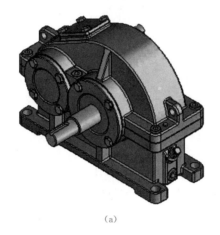

(a)

$\phi30r6$
$\phi40k6$
$\phi55k6$
$\phi56\frac{H7}{r6}$
$\phi100H7$
$\phi45r6$

配作

1—箱座　2—输入轴　3,10—轴承　4,8,14,18—轴承端盖　5,12,16—键　6,15—密封圈
7—螺栓　9—输出轴　11—齿轮　13—轴套　17—垫片　19—定位销

(b)

图 4-1　一级直齿圆柱齿轮减速器示意图

相 关 知 识

4.1　几何公差的研究对象、特征项目及公差带

在机械加工过程中,由于机床、夹具、刀具、工艺操作水平和系统等因素的影响,零件的尺寸和形状及表面质量均不能做到完全理想,而会出现加工误差。加工误差包括尺寸误差、几何误差、表面粗糙度。

零件的实际形状和位置相对理想的形状和位置所产生的偏离,称为几何误差(形位误差),图4-2所示为车削形成的形状误差和钻削形成的位置误差。

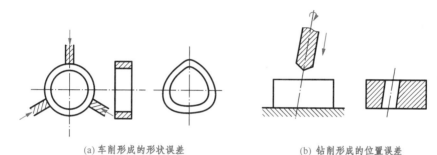

(a) 车削形成的形状误差　　　　　(b) 钻削形成的位置误差

图4-2　零件的几何误差

几何误差将会影响机器或仪器的工作精度、联结强度、运动平稳性、密封性和使用寿命等,特别是对经常在高温、高压、高速及重载条件下工作的零件影响更大。例如,在孔与轴的配合中,由于存在几何误差,对于间隙配合,会使间隙分布不均匀,加快局部磨损,从而降低零件的寿命;对于过盈配合,则使过盈量各处不一致。因此在机械加工中,不但要对零件的尺寸误差加以限制,还必须根据零件的使用要求,并考虑到制造工艺性和经济性,规定出合理的几何误差变动范围,即几何公差,以确保零件的使用性能。

4.1.1　零件的几何要素及分类

几何公差的研究对象是几何要素。几何要素指构成零件几何特征的点、线、面。如图4-3所示,零件的球面、圆锥面、平面、圆柱面、球心、轴线、素线、顶尖点等都为该零件的几何要素。几何要素可从不同角度进行分类。

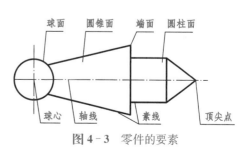

图4-3　零件的要素

1. 按几何结构特征分类

(1)组成要素(轮廓要素)

构成零件轮廓的可直接触及的点、线、面,如

图4－3中的球面、圆锥面、圆柱面素线、圆锥面素线和顶尖点等。

（2）导出要素（中心要素）

不可触及的、组成要素对称中心所示的点、线、面，如图4－3中的球心、轴线等。

2. 按存在状态分类

（1）理想要素 具有几何学意义，没有任何误差的要素。设计时，在图样上表示的要素均为理想要素。

（2）实际要素 零件在加工后实际存在的、有误差的要素。通常，由测量得到的要素来代替。由于测量误差存在，故测得要素并非要素的真实情况。

3. 按在几何公差中所处的地位分类

（1）被测要素 零件图中，给出了几何公差的要求，即需要检测的要素，如图4－4(a)中 ϕd 圆柱面的轴线。

（2）基准要素 用以确定被测要素的方向或位置的要素，简称基准，如图4－4(a)中的端面 A。

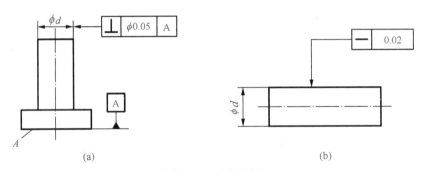

图4－4 要素示例

4. 按功能关系分类

（1）单一要素 仅对其本身给出形状公差要求的要素，如图4－4(b)中 ϕd 圆柱面为单一要素。

（2）关联要素 对其他要素有功能关系的要素，即规定方向、位置、跳动公差的要素，如图4－4(a)中 ϕd 圆柱面的轴线给出了与基准 A 垂直的功能要求。

4.1.2 几何公差项目符号和几何公差带

1. 几何公差项目符号

几何公差分为形状公差、方向公差、位置公差和跳动公差4种。国家标准 GB/T1182－2008规定了几何公差的特征项目符号，见表4－1。

表 4-1 几何公差特征项目和符号

公差类型	特征项目	符 号	有或无基准要素
形状公差	直线度	⎯	无
	平面度	▱	无
	圆度	○	无
	圆柱度	⌭	无
	线轮廓度	⌒	无
	面轮廓度	⌓	无
方向公差	平行度	//	有
	垂直度	⊥	有
	倾斜度	∠	有
	线轮廓度	⌒	有
	面轮廓度	⌓	有
位置公差	位置度	⌖	有或无
	同心度(用于中心点)	◎	有
	同轴度(用于轴线)	◎	有
	对称度	═	有
	线轮廓度	⌒	有
	面轮廓度	⌓	有
跳动公差	圆跳动	↗	有
	全跳动	⌰	有

2. 几何公差带

几何公差带是限制实际被测要素变动的区域,其大小是由几何公差值确定的。只要被测实际要素被包含在公差带内,则被测要素合格。

几何公差带控制的是点(平面、空间)、线(素线、轴线、曲线)、面(平面、曲面)、圆(平面、空间、整体圆柱)等区域,所以它不仅有大小,还具有形状、方向、位置共 4 个要素。

(1) 形状 随实际被测要素的结构特征、所处的空间以及要求控制方向的差异而有所不同,如图 4-5 所示。

(2) 大小 表示了几何精度要求的高低。有两种情况即公差带区域的宽度(距离)t 或直径 $\phi t(S\phi t)$,如图 4-5 所示。

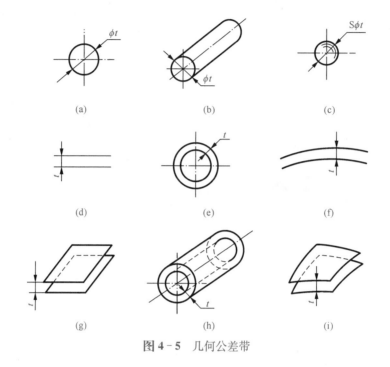

图4-5　几何公差带

（3）方向　理论上应与图样上几何公差框格指引线箭头所指的方向垂直，如图4-4（b）所示。

（4）位置　分固定和浮动两种。所谓的浮动位置公差带，是指零件的实际要素在一定的公差所允许的范围内变动，因此有的要素位置就必然随着变动，这时其几何公差带的位置也会随着零件实际要素的变动而变动。如图4-6所示，平行度公差带位置随着实际要素（20.05和19.95）的变动，其公差带位置不同。但几何公差范围应在尺寸公差带之内，而几何公差带$t \leqslant$尺寸公差T。

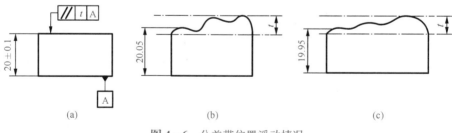

图4-6　公差带位置浮动情况

固定位置公差带是指几何公差带的位置给定之后，它与零件上的实际要素无关，不随尺寸大小变化而发生位置的变动，如图4-7所示。

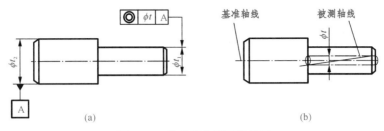

图4-7 公差带位置固定情况

4.1.3 几何公差的标注

按几何公差国家标准的规定,在图样上标注几何公差时,应采用代号标注。采用代号标注能更好地表达设计意图,使工艺、检测有统一的理解,从而更好地保证产品的质量。无法采用代号标注时,允许在技术条件中用文字加以说明。

几何公差的代号包括几何公差项目的符号、框格、指引线、公差数值、基准符号,以及其他有关符号。

1. 几何公差方框

几何公差方框格用细实线绘制,如图4-8所示。每一个公差格内只能表达一项几何公差的要求,公差框格根据公差的内容要求可分两格和多格。框格内从左到右要求填写以下内容:

第一格:公差特征的符号。

第二格:公差数值和有关符号,如公差带是圆形或圆柱形的直径,公差值前加注ϕ;如为球形公差带,则加注$S\phi$。

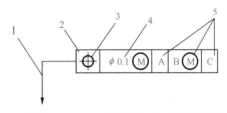

1—指引线 2—几何公差方框格 3—几何公差符号
4—公差数值和有关符号 5—基准字母和有关符号

图4-8 几何公差框格

第三格和以后各格:基准或基准体系符号的字母和有关符号。当一个以上要素作为被测要素,如4个要素,应在框格上方标明"4×",如图4-9(a)所示。另外对同一要素有一个以上的公差项目要求时,可将一个框格放在另一个框格的下面(见图4-14(d))。

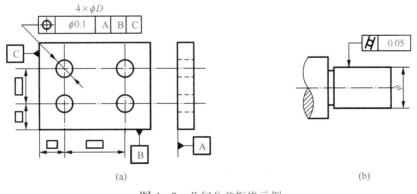

图4-9 几何公差框格示例

因为形状公差无基准,所以形状公差只有两格,如图 4-9(b)所示。而方向、位置、跳动公差框格可用 3 格和多格。

2. 框格指引线

标注时,指引线可由公差框格的一端引出,并与框格端线垂直,箭头垂直地指向被测要素,箭头的方向是公差带宽度方向或直径方向,如图 4-10 所示。

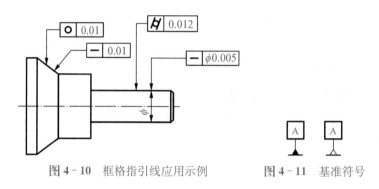

图 4-10　框格指引线应用示例　　　图 4-11　基准符号

3. 基准符号

零件若有位置公差要求,在图样上必须表明基准代号,并在方框中注出基准代号的字母。如图 4-11 所示,基准代号由基准字母、方格、连线和涂黑或空白的三角形相连而成,基准代号的字母采用大写英文字母。基准的顺序在公差框格中是固定的。

无论基准符号在图样上的方向如何,方格内的字母要水平书写。

4. 基准要素的标注

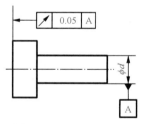

图 4-12　基准要素与被测要素

在位置公差标注中,基准要素由基准符号表示,被测要素用指引箭头确定,如图 4-12 所示。

用基准符号标注基准要素,当基准要素是轮廓或表面时,基准三角形应置于轮廓线或它的延长线上,应与尺寸线明显地错开,如图 4-13(a)所示。

当基准要素是轴线、中心平面或由带尺寸的要素确定的点时,则基准符号中的连线与尺寸线对齐,如图 4-13(b)所示。

当基准要素是任选基准时,也就是对相关要素不指定基准,可采用图 4-13(c)所示的标注方法,即在测量时可以任选其中一个要素为基准。

当基准要素为某一部分时,可用粗点画线表示其范围,如图 4-13(d)所示,这种情况也称为局部基准。

当基准要素是二中心要素组成的公共基准时,可采用图 4-13(e)所示的标注方法。

基准符号还可以置于引出线下面,如图 4-13(f)所示。

基准符号还可以置于用圆点指向实际表面的参考线上,如图 4-13(g)所示。

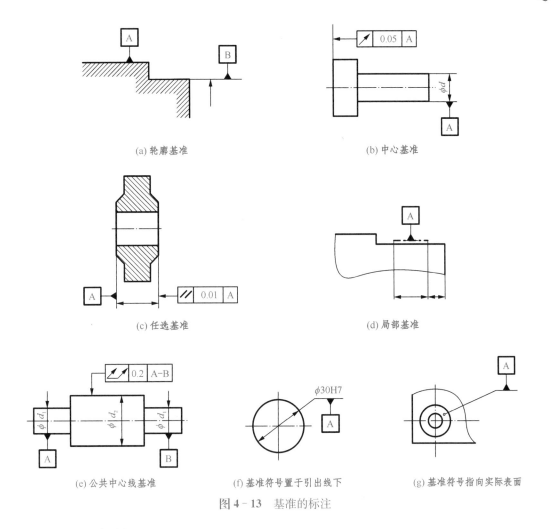

图 4 - 13 基准的标注

5. 被测要素的标注

被测要素是检测对象,国标规定:图样上用带箭头的指引线将被测要素与公差框格一端相连,指引线的箭头应垂直地指向被测要素(见图 4 - 12)。

公差框格中所标注的公差值如无附加说明,则被测范围为箭头所指的整个轮廓要素或中心要素。

当被测要素为轮廓要素时,指引线的箭头应指到该要素的轮廓线或轮廓线的延长线上,并应与尺寸线明显地错开,如图 4 - 14(a)所示。

当被测要素为轴线、球心或中心平面时,指引线的箭头应与该要素的尺寸线对齐,如图 4 - 14(b)所示。

当多个被测要素有相同的几何公差要求时,可以从框格引出的指引线上画出多个指引箭头,并分别指向各被测要素,用同一公差带控制几个分离要素时,应在公差框格内公差值后加注公共公差带符号 CZ,如图 4 - 14(c)所示,或者在框格上方标明,如"4×"。

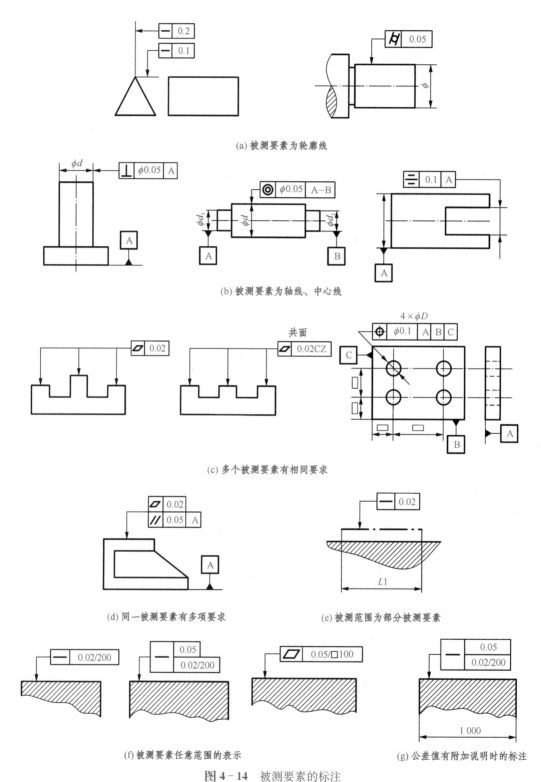

(a) 被测要素为轮廓线

(b) 被测要素为轴线、中心线

共面

(c) 多个被测要素有相同要求

(d) 同一被测要素有多项要求

(e) 被测范围为部分被测要素

(f) 被测要素任意范围的表示

(g) 公差值有附加说明时的标注

图 4-14 被测要素的标注

当同一被测要素有多项几何公差要求,其标注方法又一致时,可以将这些框格绘制在一起,只画一条指引线,如图 4 - 14(d)所示。

被测要素给出的公差值一般是指被测要素全长或全面积,如果仅指被测要素某一部分,则要在图样上用粗点画线表示出来要求的范围,如图 4 - 14(e)所示。

如果几何公差值是指被测要素任意长度(或范围),可在公差值框格里填写相应的数值,标注在几何公差值的后面,用斜线相隔,如图 4 - 14(f)所示。图 4 - 14(f)分别表示在任意 200 mm 长度内直线度公差为 0.02 mm;被测要素全长的直线度为 0.05 mm,在任意 200 mm 长度内直线度公差为 0.02 mm;在被测要素任意 100 mm×100 mm 正方形面积上,平面度公差为 0.05 mm。

如果需给出被测要素任一固定长度上(或范围)的公差值时,其标注方法如图 4 - 14(g)所示。图 4 - 14(g)表示在 1 000 mm 全长上的直线度公差值为 0.05 mm,在任一 200 mm 长度上的直线度公差数值为 0.02 mm。

几何公差有附加要求时,应在相应的公差数值后加注有关要素形状符号,见表 4 - 2。

表 4 - 2　公差值后面的要素形状符号

标注大写的字母	含　义	标注的大写字母	含　义
Ⓔ	包容要求	Ⓜ	最大实体要求
Ⓛ	最小实体要求	Ⓟ	延伸公差带
Ⓕ	自由状态条件(非刚性零件)	Ⓡ	可逆要求

几何公差有附加要求时,应在相应的公差数值后加注有关符号,见表 4 - 3。

表 4 - 3　几何公差附加要求

含　义	符　号	举　例
只许中间向材料内凹下	NC	 NC
只许中间向材料外凸起	(+)	
只许从左至右减小	(▷)	
只许从右至左减小	(◁)	

4.1.4　基准的分类

基准在方向、位置、跳动公差中对被测要素的位置起着定向或定位的作用,也是确定方向、位置、跳动公差带方位的主要依据。评定方向、位置、跳动误差的是基准,但基准要素本身也是实际加工出来的,也存在形状误差。为正确评定方向、位置、跳动误差,基准要素的位置应符合最小条件。而在实际检测中,测量方向、位置、跳动误差经常采用模拟法来体现基准。例如,基准轴由心轴、V 形块体现,基准平面用平板或量仪工作台面体现等。基准的种类分为以下 3 种。

1. 单一基准

由一个要素建立的基准为单一基准。如图 4 - 15 所示为由一个中心要素建立的基准。

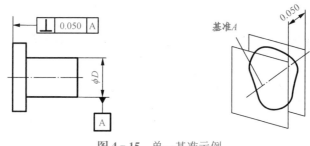

图 4 - 15 单一基准示例

2. 组合基准(公共基准)

由两个或两个以上的要素建立成一个独立的基准,称为组合基准或公共基准。如图 4 - 16 所示,ϕd_2 圆柱面对 $2 \times \phi d_1$ 公共轴线的径向圆跳动的基准,就是由两段轴线 A,B 建立的公共基准 A - B。

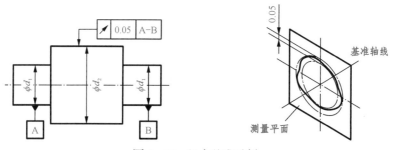

图 4 - 16 组合基准示例

3. 基准体系(也称为三基面体系)

在位置公差中,为了确定被测要素在空间的方向和位置,有时仅指定一个基准是不够的,而要使用两个或 3 个基准组成的基准体系。三基面体系是由 3 个互相垂直的平面构成的一个基准体系,如图 4 - 17 所示。3 个基准平面按标注顺序分别称为基准 A 第一基准平面、基准 B 第二基准平面和基准 C 第三基准平面。基准顺序要根据零件的功能要求和结构特征来确定。每两个基准平面的交线构成基准轴线,而 3 条轴线的交点构成基准点。

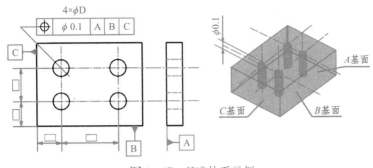

图 4 - 17 基准体系示例

4.2 形状公差与公差带

1. 形状公差及形状误差

形状公差是指单一实际要素的形状所允许的变动全量,是为了限制形状误差而设置的。

形状误差是指被测实际要素对其理想要素的变动量。在被测实际要素与理想要素作比较以确定其变动量时,由于理想要素所处位置的不同,得到的最大变动量也会不同。因此,评定实际要素的形状误差时,理想要素相对于实际要素的位置,必须有一个统一的评定准则,这个准则就是最小条件。

所谓最小条件,是指被测实际要素相对于理想要素的最大变动量为最小,此时,对被测实际要素评定的误差值为最小。如图 4 - 18 所示,评定直线度误差时,理想要素 A,B 与被测实际要素接触,h_1,h_2,h_3…是相对于理想要素处于不同位置 A_1B_1,A_2B_2,A_3B_3,…所得到的各个最大变动量,其中 h_1 为各个最大变动量的最小值,即 $h_1 < h_2 < h_3 < \cdots$,那么 h_1 就是其直线度误差值。

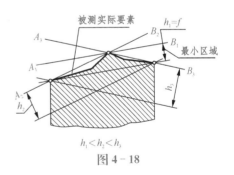

图 4 - 18

形状误差值用最小包容区域(简称最小区域)的宽度或直径表示。最小区域是指包容被测实际要素时,具有最小宽度或直径的包容区域,其形状与相应的公差带相同。按最小区域评定形状误差的方法,称为最小区域法。

2. 形状公差与公差带

形状公差用形状公差带表达。形状公差带是限制实际要素变动的区域,零件实际要素在该区域内为合格。形状公差带包括公差带形状、方向、位置和大小等 4 因素。其公差值用公差带的宽度或直径来表示,而公差带的形状、方向、位置和大小则随要素的几何特征及功能要求而定。形状公差带及其定义、标注和解释,见表 4 - 4。

表 4－4　形状公差带的定义标注及解释

公差项目	标注示例及解释	公差带定义
直线度	**1. 在给定平面内** 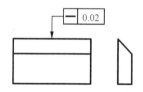 　　上表面的素线直线度公差为 0.02，即其必须位于距离为公差值为 0.02 mm 的两平行直线之间	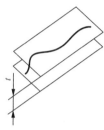 　　在给定平面内，公差带是距离为公差值 t 的两平行直线之间的区域
	2. 在给定方向上 　（1）给定一个方向 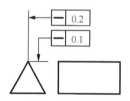 　　棱线的直线度公差为 0.02（在给定方向上），即棱线必须位于距离为公差值 0.02 mm 两平行平面之间	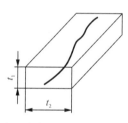 　　在给定方向上，公差带为两平行平面之间公差值为 t 的区域
	（2）给定互相垂直的两个方向 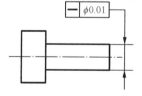 　　棱线的直线度公差在水平和垂直方向上分别为 0.2 mm 和 0.1 mm	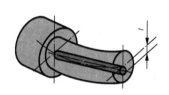 　　在给定两个方向上，其公差带是正截面为 $t_1 \times t_2$ 的四棱柱内的区域
	3. 在任意方向上 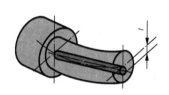 　　圆柱体轴线的直线度公差为 $\phi 0.01$ mm（任意方向上）	 　　公差带是直径为公差值 t 的圆柱面内的区域

公差项目	标注示例及解释	公差带定义
平面度	被测表面的平面度公差为 0.10 mm,即必须位于距离为公差值 0.10 mm 的两平行平面内	公差带是距离为公差值 t 的两平行平面之间的区域
圆度	圆柱面和圆锥面的圆度公差为 0.01 m,即圆柱面和圆锥面任一正截面的圆周必须位于半径差为公差值 0.01 mm 的两同心圆之间	公差带是垂直于轴线的任意正截面上半径差为公差值 t 的两同心圆之间的区域
圆柱度	圆柱面的圆柱度公差为 0.05 mm,即被测圆柱面必须位于半径差为公差值 0.05 mm 两同轴圆柱面之间	公差带是半径差为公差值 t 的两同轴圆柱面之间的区域
线轮廓度	(1) 无基准要求 圆弧部分轮廓的线轮廓度公差为 0.04 mm,即在平行于图样所示投影面的任一截面上,被测轮廓线必须位于包络一系列直径为公差值 0.04 mm,且圆心位于具有理论正确几何形状的线上的两包络线上	公差带是包络一系列直径为公差值 t 的圆的两包络线之间的区域。诸圆的圆心应位于理想轮廓线上

公差项目	标注示例及解释	公差带定义
	(2) 有基准要求 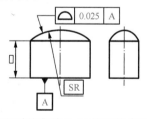 　　圆弧部分轮廓(对基准平面 A)的线轮廓度公差为 0.04 mm,即在平行于图样所示投影面的任一截面上,被测轮廓线必须位于包络一系列直径为公差值 0.04 mm,且圆心位于具有理论正确几何形状的线上的两包络线上	 　　公差带是包络一系列直径为公差值 t 的圆的两包络线之间的区域。诸圆的圆心应位于理想轮廓线上,理想轮廓面由(相对于基准平面 A 的)理论正确尺寸确定
面轮廓度	(1) 无基准要求 　　球面的面轮廓度公差为 0.025 mm,即被测轮廓面必须位于包络一系列球的两包络面之间,各个球的直径为公差值 0.025 mm,且球心位于具有理论正确几何形状的面上	 　　公差带是包络一系列直径为公差值 t 的球的两包络面之间的区域
	(2) 有基准要求 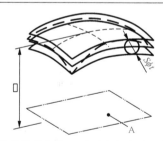 　　球面(对基准平面 A)的面轮廓度公差为 0.025 mm,即被测轮廓面必须位于包络一系列球的两包络面之间,各个球的直径为公差值 0.025 mm,且球心应位于理想轮廓面上	 　　公差带是包络一系列直径为公差值 t 的球的两包络面之间的区域。诸球球心应位于理想轮廓面上,理想轮廓面由(相对于基准平面 A 的)理论正确尺寸确定

注:轮廓度(线轮廓度和面轮廓度)公差带既控制实际轮廓线的形状,又控制其位置。严格地说,有基准要求的情况时轮廓度的公差应属于方向和位置公差。

　　例 4 - 1　图 4 - 19 (a)所示为图 4 - 1 所示的减速器输出轴零件图,根据工况条件要求:(1)φ45r6 圆柱表面的圆度公差为 0.005 mm;(2)φ55k6 圆柱面的圆柱度公差为 0.005 mm;

（3）左、右端面的平面度公差为 0.005，将其技术要求标注在零件图上。

解　技术要求标注后，如图 4 - 19（b）所示。

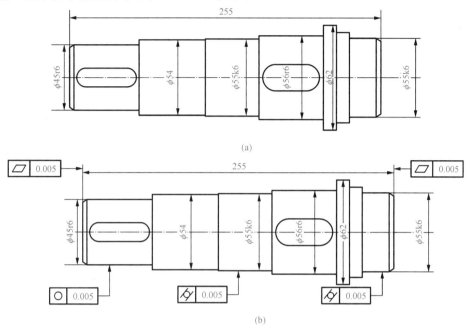

图 4 - 19　减速器的输出轴

4.3　方向公差与公差带

方向公差是指关联实际要素对基准要素在方向上所允许的变动全量。方向公差用于控制线或面的定向误差。其特点是公差带相对于基准有确定的方向，具有综合控制被测要素的方向和形状的功能，而且公差带的位置可以浮动。方向公差有平行度、垂直度、倾斜度、线轮廓度和面轮廓度，以下仅介绍平行度、垂直度和倾斜度，其公差带的定义、标注和解释见表 4 - 5。

表 4 - 5　方向公差带的定义、标注及解释

公差项目	标注示例及解释	公差带定义
平行度	1. 面对面 上表面对基准 A 的平行度公差为 0.02 mm，即被测表面必须位于距离为公差值 0.02 mm，且平行于基准表面 A 的两平行平面之间	公差带是距离为公差值 t，且平行于基准面的两平行平面之间的区域

公差项目	标注示例及解释	公差带定义
	2. 线对面 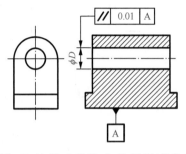 孔 ϕD 轴线对基准 A 的平行度公差为 0.01 mm,即工件被测轴线必须位于距离为公差值 0.01,且平行于基准平面 A 的两平行平面之间	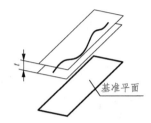 公差带是距离公差值为 t,且平行于基准平面 A 的两平行平面之间的区域
	3. 面对线 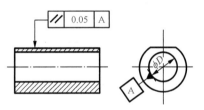 上表面对基准 A 的平行度公差为 0.05 mm,即被测表面必须在距离为公差值 0.05 mm,且平行于基准轴线 A 的两平行平面之间	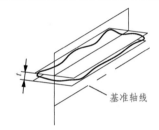 公差带距离公差值为 t,且平行于基准轴线 A 的两平行平面之间的区域
	4. 线对线 (1) 给定一个方向 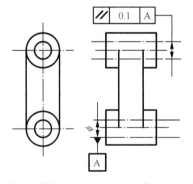 孔 ϕD 轴线对基准 A 的垂直方向上的平行度公差为 0.1 mm,即被测轴线须位于距离为公差值 0.1 mm,且给定方向上平行于基准轴线的两平行平面之间	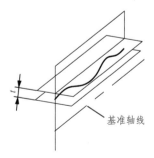 公差带是距离公差值为 t,且在给定方向上平行于基准轴线的两平行平面之间的区域

公差项目	标注示例及解释	公差带定义
	（2）给定互相垂直的两个方向 　　孔 ϕD 轴线对基准 A 在垂直和水平方向上的平行度公差分别为 0.1 mm，即被测孔 ϕD 的轴线必须位于由水平和垂直方向公差值分别为 0.1 mm 和 0.1 mm 的四棱柱，且平行于基准轴线的区域内	 　　公差带由水平和垂直方向公差值分别为 t_1 和 t_2 的四棱柱，且平行于基准轴线的区域内
	（3）在任意方向 　　孔 ϕD 轴线对基准 A 的平行度公差为 $\phi 0.1$ mm，即被测轴线必须位于直径为公差值 0.1 mm，且平行于基准轴线的圆柱面内的区域	 　　公差带是直径为公差值 t，且平行于基准轴线的圆柱面内的区域
垂直度	1. 面对面 　　侧面对基准 A 的垂直度公差为 0.08 mm，即被测面必须位于距离为公差值 0.08 mm，且垂直于基准平面 A 的两平行平面之间	 　　公差带是距离为公差值 t，且垂直于基准面的两平行平面之间的区域

公差项目	标注示例及解释	公差带定义
	2. 线对面 （1）给定一个方向 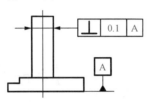 　　轴线（在给定的方向上）对基准 A 的垂直度公差为 0.1 mm，即在给定方向上被测轴线必须位于距离为公差值 0.1 且垂直于基准表面 A 的两平行平面之间	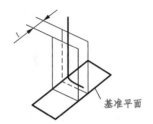 　　在给定的方向上，公差带是距离为公差值 t 且垂直于基准面的两平行平面之间的区域
	（2）给定互相垂直的两个方向 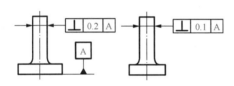 　　轴线对基准 A 在互相垂直的两个方向上的垂直度公差分别为 0.2 和 0.1 mm，即被测轴线必须位于距离分别为公差值 0.2 和 0.1 的互相垂直且垂直于基准平面的两对平行平面之间	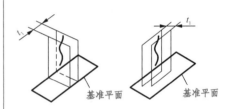 　　公差带是互相垂直的距离分别为 t_1 和 t_2 且垂直于基准面的两对平行平面之间的区域
	（3）在任意方向上 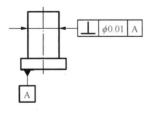 　　轴线（在任意方向上）对基准 A 的垂直度公差为 φ0.01 mm，即被测轴线必须位于直径为公差值 0.01 且垂直于基准面 A（基准平面）的圆柱面内	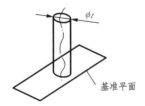 　　公差带是直径为公差值 t 且垂直于基准面的圆柱内的区域

续　表

公差项目	标注示例及解释	公差带定义
	3. 面对线 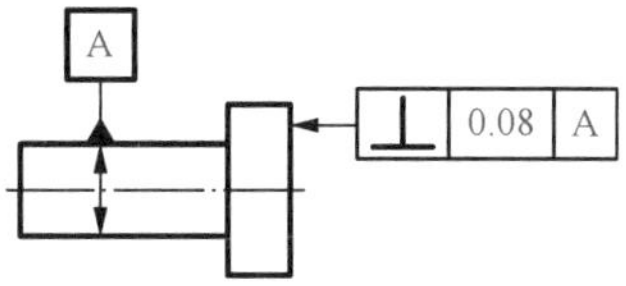 　　端面对基准 A 的垂直度公差为 0.08 mm，即被测端面必须位于距离为公差值 0.08 mm，且垂直于基准轴线 A 的两平行平面之间	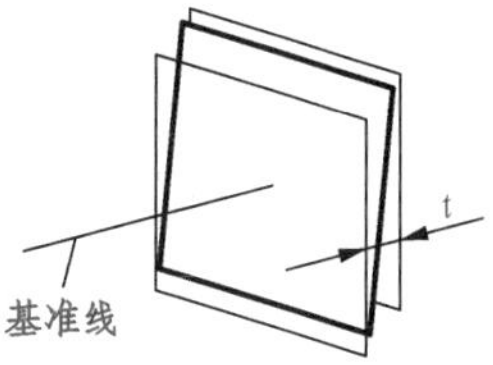 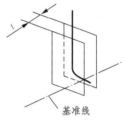 　　公差带是距离为公差值 t 且垂直于基准线的两平行平面之间的区域
	4. 线对线 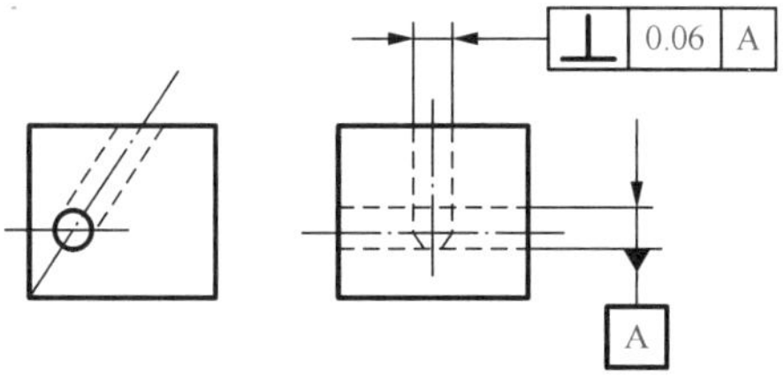 　　孔轴线对基准 A 的垂直度公差为 0.06 mm，即被测轴线必须位于距离为公差值 0.06 mm，且垂直于基准线 A（基准轴线）的两平行平面之间	公差带是距离为公差值 t 且垂直于基准线的两平行平面之间的区域
倾斜度	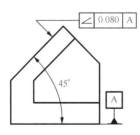 　　斜面对基准 A 的倾斜度公差为 0.08 mm，即被测表面必须位于距离为公差值为 0.080 mm，且与基准面 A 成理论正确角度 45°的两平行平面之间	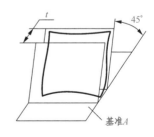 　　公差带是距离为公差值 t，且与基准面 A 成理论正确角度 45°的两平行平面之间的区域

4.4 位置公差与公差带

位置公差是指关联要素对基准在位置上允许的变动全量。位置公差带相对基准有确定的位置,具有综合控制被测要素的位置、方向和形状的功能。位置公差包括同心度、同轴度、对称度、位置度、线轮廓度和面轮廓度,以下仅介绍同心度、同轴度、对称度、位置度。其公差带及定义、标注和解释,见表 4-6。

表 4-6 位置公差带定义标注及解释

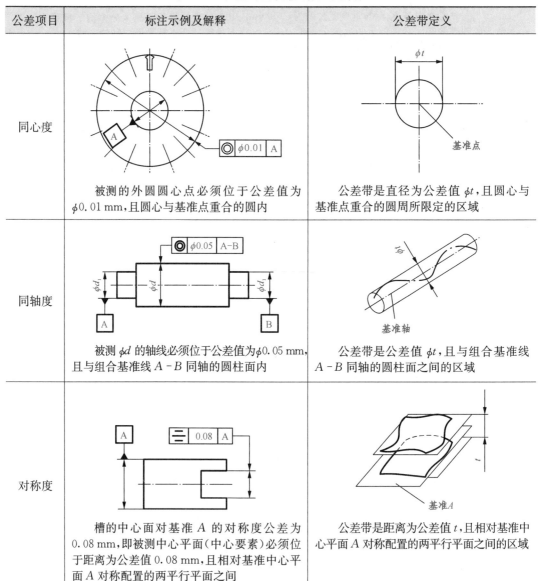

公差项目	标注示例及解释	公差带定义
同心度	被测的外圆圆心点必须位于公差值为 $\phi0.01$ mm,且圆心与基准点重合的圆内	公差带是直径为公差值 ϕt,且圆心与基准点重合的圆周所限定的区域
同轴度	被测 ϕd 的轴线必须位于公差值为 $\phi0.05$ mm,且与组合基准线 A-B 同轴的圆柱面内	公差带是公差值 ϕt,且与组合基准线 A-B 同轴的圆柱面之间的区域
对称度	槽的中心面对基准 A 的对称度公差为 0.08 mm,即被测中心平面(中心要素)必须位于距离为公差值 0.08 mm,且相对基准中心平面 A 对称配置的两平行平面之间	公差带是距离为公差值 t,且相对基准中心平面 A 对称配置的两平行平面之间的区域

公差项目	标注示例及解释	公差带定义
位置度	**1. 点的位置度** 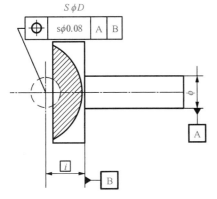 　　球 ϕD 的球心对基准 A、B 的位置度公差值为球 $\phi 0.08$ 的区域	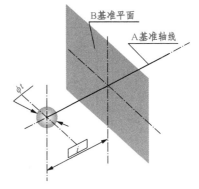 　　公差带是直径为公差值 ϕt（平面点）或 $S\phi t$（空间点），且以相对于基准 A，B 所确定的理想位置为中心的圆或球面内的区域
	2. 线的位置度 （1） 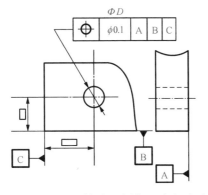 　　被测 ΦD 孔的轴线必须位于直径为公差值 0.1 mm，轴线在线的理想位置上的圆柱面内的区域	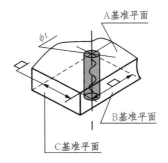 　　公差带是直径为公差值 ϕt，且轴线在以相对于基准 A，B，C 所确定的理想位置上的圆柱面内的区域

公差项目	标注示例及解释	公差带定义
(2)	每个被测 ϕD 孔的轴线必须位于直径为公差值 0.1 mm，且以相对于 A，B，C 基准表面所确定的理想位置为轴线的圆柱内	公差带是直径为 ϕt 的圆柱面内的区域，公差带的轴线的位置由相对于三基面体系的理论正确尺寸确定

4.5　跳动公差与公差带

跳动公差指关联要素绕基准轴线回转一周或回转时允许的最大跳动量。跳动公差是根据检测方式确定的。测量时，指示表所示的最大值和最小值之差即为最大变动量。因为它的检测方法简便，又能综合控制被测要素的位置、方向和形状，故在生产中得到广泛应用。

跳动公差分为圆跳动公差和全跳动公差，其定义、标注及解释见表 4-7。

表 4-7　跳动公差带的定义及解释、标注示例

公差项目	标注示例及解释	公差带定义
圆跳动	径向圆跳动 当被测 ϕD 的轴线绕公共基准轴线 $A-B$ 作无轴向移动旋转一周时，在任一测量平面内的径向圆跳动量不大于 0.05 mm	公差带是在垂直于基准轴线的任一测量平面内，半径差为公差值 t，且圆心在基准轴线上的两个同心圆之间的区域

公差项目	标注示例及解释	公差带定义
	轴向圆跳动 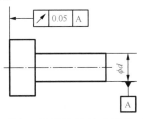 　　当被测端面的轴线绕基准轴线 *A* 作无轴向移动旋转一周时,在任一直径的测量平面内的轴向圆跳动量不大于 0.05 mm	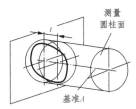 　　公差带是在与基准轴线同轴的任一直径位置上的测量圆柱面上,沿母线方向宽度为公差值 *t* 的圆柱面区域
	斜向圆跳动 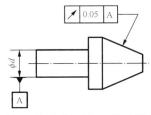 　　被测斜面绕基准轴线 *A* 作无轴向移动旋转一周时,在任一测量圆锥面上的跳动量不大于 0.05 mm	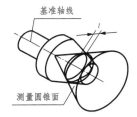 　　公差带是在与基准轴线同轴的任一测量圆锥面上沿母线方向宽度为 *t* 的两圆之间的区域。除另有规定外,其测量方向应与被测面垂直
全跳动	径向全跳动 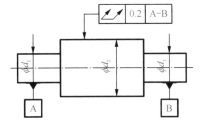 　　被测圆柱面绕公共基准 *A*-*B* 作多次旋转,同时测量仪与工件间必须沿着基准公共轴线方向进行轴向移动。此时,被测轮廓元素上的各点间的指示表读数差不大于 0.2 mm	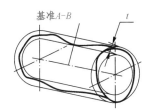 　　公差带是半径差为公差值 *t*,且与基准轴线同轴的两圆柱面之间的区域

公差项目	标注示例及解释	公差带定义
	轴向全跳动 被测端面绕基准轴线 A 作多次旋转,并且测量仪器沿垂直于基准轴线的方向作直线移动。此时,被测要素上各点间的指示表读数差不大于 0.05 mm	公差带是距离为公差值 t,且与基准轴线垂直的两平行平面之间的区域

　　径向全跳动的公差带与圆柱度公差带形状是相同的,但前者的轴线与基准轴线同轴,后者是浮动的,随圆柱度误差的形状而定。它是被测圆柱面的圆柱度误差和同轴度误差的综合反映。

　　轴向全跳动的公差带与端面对轴线的垂直度公差带是相同的,因而两者控制位置误差的效果是一样的。

　　例 4 - 2　解释图 4 - 20 所示的螺纹凸盘的各几何公差标注的含义。

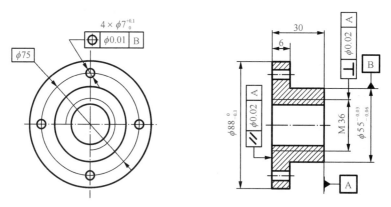

图 4 - 20　螺纹凸盘

解

　⊥ | $\phi 0.02$ | A　表示螺纹 M36 的中径轴线对右端面(A)的垂直度公差为 $\varphi 0.02$ mm。

　∥ | 0.02 | A　表示左端面对右端面(A)的平行度公差为 0.02 mm。

$4 \times \phi 7_{\ 0}^{+0.1}$ 表示孔 $4 \times \phi 7_{\ 0}^{+0.1}$ 的位置度公差是 $\phi 0.01$ mm,它是以 $\phi 55_{-0.06}^{-0.03}$ 轴线为基准

⊕ | 0.01 | B   和理论正确尺寸 $\phi 75$ 为定位的。

例 4-3   图 4-21 (a)所示为某零件图,根据工况条件要求:

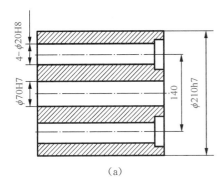

(1) 左端面的平面度公差为 0.01 mm,右端面对左端面的平行度公差为 0.04 mm;

(2) $\phi 70H7$ 孔的轴线对左端面的垂直度公差为 ϕ 0.02 mm;

(3) $\phi 210h7$ 轴线对 $\phi 70H7$ 孔轴线的同轴度公差为 $\phi 0.03$ mm;

(4) $4 - \phi 20H8$ 孔的轴线对左端面(第一基准)和 $\phi 70H7$ 孔轴线的位置度公差为 $\phi 0.15$ mm。

将技术要求标注在零件上。

解   技术要求标注后,如图 4-21 (b)所示。

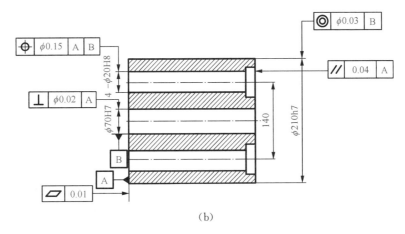

图 4-21 零件的几何公差标注

4.6 公 差 原 则

几何公差和尺寸公差都是控制零件精度的两类不同性质的公差。它们彼此是独立的,但在一定条件下,两者又是相关和互相补偿的。几何公差在什么条件下可以用尺寸公差补偿或者不能用尺寸公差补偿,前者称为最大实体要求(相关要求的一种),后来称为独立原则。

4.6.1 独立原则

独立原则是指图样上给定的每一个尺寸和形状、位置要求均是独立的,都应满足。如果

对尺寸和形状尺寸与位置之间的相互关系有特殊要求,应在图样上给予规定。独立原则是尺寸公差和几何公差相互关系应遵守的基本原则。

如图 4-22 所示的销轴,公称尺寸为 $\phi12\,mm$,尺寸公差为 $0.020\,mm$,轴线的直线度公差为 $0.01\,mm$。当轴的实际要素在 $\phi11.98\,mm$ 与 $\phi12\,mm$ 之间的任何尺寸,其轴线的直线度误差在 $\phi0.01\,mm$ 范围内时,轴为合格。若直线误差达到 $0.012\,mm$ 时,尽管尺寸误差控制在 $0.02\,mm$ 内,但零件由于轴线的直线度超差判为不合格。这说明,零件的直线度公差与尺寸公差无关,应分别满足各自的要求。图 4-22 所标注的形状公差为独立原则。它的局部实际尺寸由上极限尺寸和下极限尺寸控制,几何误差由几何公差控制,两者彼此独立,互相无关。

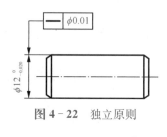

图 4-22　独立原则

4.6.2　相关要求

尺寸公差和几何公差相互有关的公差要求,称为相关要求。相关要求是指包容要求、最大实体要求、最小实体和可逆要求。

如图 4-23 所示,Ⓜ代表最大实体要求,这时几何公差不但与图中给定的直线度 $\phi0.01\,mm$ 有关,而且当实际要素小于最大实体要素 $\phi12\,mm$ 时,其几何公差值可以增大。

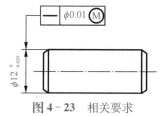

图 4-23　相关要求

1. 包容要求

包容要求就是要求实际要素处处位于具有理想的包容面内的一种公差,而该理想的形状尺寸为最大实体尺寸。

图样上尺寸公差的后面标注有Ⓔ符号,表示该要素的几何公差和尺寸公差之间的关系应遵守包容要求(Ⓔ符号只在圆要素或由两个平行平面建立的要素上使用),如图 4-24 所示。

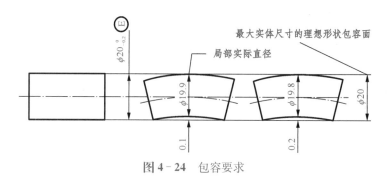

图 4-24　包容要求

(1) 提取组成要素的局部尺寸(局部实际尺寸)　提取组成要素的局部尺寸(局部实际尺寸)是指在实际要素的任意正截面上两对应点之间测得的距离,如图 4-25 所示的 A_1、

A_2，A_3。

（2）最大实体状态和最大实体尺寸

图 4-25 局实际尺寸

1）最大实体状态（MMC）：最大实体状态是指实际要素在给定长度上处处位于尺寸极限之内，并具有实体最大时的状态。

2）最大实体尺寸（MMS）：最大实体尺寸是指实际要素在最大实体状态下的极限尺寸。对于外表面为上极限尺寸，对于内表面为下极限尺寸。

（3）最大实体实效状态和最大实体实效尺寸

1）最大实体实效状态（MMVC）：最大实体实效状态是指在给定长度上，实际要素处于最大实体状态，且其中心要素的几何误差等于给出公差值时的综合极限状态。

2）最大实体实效尺寸（MMVS）：最大实体实效尺寸是指在最大实体实效状态下的体外作用尺寸。对于内表面为最大实体尺寸减几何公差值（加注符号Ⓜ的），对于外表面为最大实体尺寸加几何公差值（加注符号Ⓜ的）。

（4）最小实体状态和最小实体尺寸

1）最小实体状态（LMC）：最小实体状态是指实际要素在给定长度上处处位于尺寸极限之内，并具有实体最小时的状态。

2）最小实体尺寸（LMS）：最小实体尺寸是指实际要素在最小实体状态下的极限尺寸。对于外表面为下极限尺寸，对于内表面为上极限尺寸。

（5）最小实体实效状态和最小实体实效尺寸

1）最小实体实效状态（LMVC）：最小实体实效状态是指在给定长度上，实际要素处于最小实体状态，且其中心要素的几何误差等于给出公差值时的综合极限状态。

2）最小实体实效尺寸（LMVS）：最小实体实效尺寸是指在最小实体实效状态的体内作用尺寸。对于内表面为最小实体尺寸加几何公差值（加注符号Ⓛ的），对于外表面为最小实体尺寸减几何公差值（加注符号Ⓛ的）。

（6）边界　边界是指由设计给定的具有理想形状的极限包容面。边界的尺寸为极限包容面的直径或距离。其中，尺寸为最大实体尺寸的边界，称最大实体边界；尺寸为最小实体尺寸的边界，称最小实体边界；尺寸为最大实体实效尺寸的边界，称为最大实体实效边界；尺寸为最小实体实效尺寸的边界，称为最小实体实效边界。

（7）包容要求　包容要求适用于单一要素，如圆柱表面或两平行表面。包容要求表示实际要素应遵守其最大实体边界，其局部实际尺寸不得超出最小实体尺寸。

在图 4-24 中，圆柱表面必须在最大实体边界内，该边界尺寸为最大实体尺寸 $\phi20\ \mathrm{mm}$，其局部实际尺寸不得小于 $\phi19.8\ \mathrm{mm}$。

2. 最大实体要求（MMR）

最大实体要求适用于中心要素，是控制被测要素的实际轮廓处于其最大实体实效边界之内的一种公差要求。当其实际要素偏离最大实体尺寸时，允许其几何误差值超出其给定的公差值，此时应在图样中标符号Ⓜ。此符号置于给出的公差值或基准字母的后面，或同

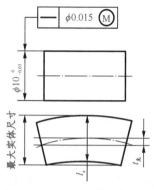

图 4-26　最大实体要求用于被测要素示例

时置于两者后面。

（1）最大实体要求应用于被测要素　最大实体要求可分别应用于被测要素或基准要素，也可以同时用于被测要素和基准要素。当用于被测要素时，被测要素的几何公差值是在该要素处于最大实体状态时给出的。当被测要素的实际轮廓偏离其最大实体状态，即其实际要素偏离最大实体尺寸时，几何误差值可超出在最大实体状态下给出的几何公差值，即此时的几何公差值可以增大。其最大的增加量为该要素的最大实体尺寸与最小实体尺寸之差，见表 4-8。最大实体要求的表示方法，如图 4-26 所示。

表 4-8　最大实体要求用于被测要素示例说明　　　　　　　（单位：mm）

实际要素 l_a	几何公差最大的增加量	几何公差的允许值 $t_允$
10.00	0	0.015
9.99	0.01	0.025
9.98	0.02	0.035
9.97	0.03	0.045

图 4-26 中，最大实体要求是用于被测要素 $\phi 10_{-0.03}^{0}$ 轴线的直线度公差，该轴线的直线度公差是 $\phi 0.015$ Ⓜ。其中 0.015 mm 是给定值，是在零件被测要素处于最大实体状态时给定的。就是当零件的实际要素为最大实体尺寸 $\phi 10$ mm 时，给定的直线度公差是 $\phi 0.015$ mm。如果被测要素偏离最大实体尺寸 $\phi 10$ mm 时，则直线公差允许增大，偏离多少就可以增大多少。

允许的几何公差值，不仅取决于图样上给定的公差值，也与零件的相关要素的实际要素有关。随着零件实际要素的不同，几何公差的增大值也不同。

（2）最大实体要求应用于基准要素　最大实体要求应用于基准要素时，在几何公差框格内的基准字母后标注符号Ⓜ，如图 4-27 所示。

最大实体要求应用于基准要素时，基准要素应遵守相应的边界。若基准要素的实际轮廓偏离其相应的边界，则允许基准要素在一定范围内浮动。此时，基准的实际要素偏离最大实体尺寸多少，就允许增大多少，再与给定的几何公差值相加，就得到允许公差值。

图 4-27 表明，零件为最大实体要求应用于基准要素，而基准要求本身又要求遵守包容要求（用符号Ⓔ表示），被测要素的同轴度公差值 $\phi 0.020$ mm，是在该基准

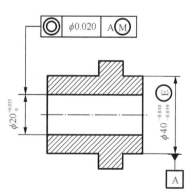

图 4-27　最大实体要求用于基准要素示例

要素处于最大实体状态时给定的。基准要素的实际要素是 ϕ39.990 mm 时,同轴度的公差是图样上给定的公差值 ϕ0.020 mm。当基准偏离最大实体状态时,其相应的同轴度公差增大值及允许公差值见表 4-9。

表 4-9　最大实体要求用于基准要素示例说明　　　　　　　　　　　　　　（单位:mm）

实际要素 l_a	几何公差最大的增加量	几何公差的允许值 $t_允$
39.990	0	0.020
39.985	0.005	0.025
39.980	0.01	0.03
39.970	0.02	0.04
39.961	0.029	0.049

3. 最小实体要求（LMR）

最小实体要求适用于中心要素。最小实体要求是当零件的实际要素偏离最小实体尺寸时,允许其几何误差值超出其给定的公差值。

（1）最小实体要求应用于被测要素　被测要素的实际轮廓在给定的尺寸上处处不得超出最小实体实效边界,即其体内作用尺寸不应超出最小实体实效尺寸,且其局部实际尺寸不得超出最大实体尺寸和最小实体尺寸。

最小实体要求应用于被测要素时,被测要素的几何公差值是在该要素处于最小实体状态时给出的。当被测要素的实际轮廓偏离最小实体状态,即其实际要素偏离最小实体尺寸时,几何误差可超出在最小实体状态下给出的公差值。

当给出的公差值为零时,则为零几何公差。此时,被测要素的最小实体实效边界等于最小实体边界,最小实体实数尺寸等于最小实体尺寸。零几何公差可视为最小实体要求的特例。

最小实体要求的符号为 ⓛ 。当用于被测要素时,应在被测要素几何公差框格中的公差值后标符号 ⓛ ;当应用于基准要素时,应在几何公差框格内的基准字母代号后标注符号 ⓛ 。

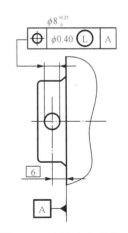

如图 4-28 所示,ϕ8 孔的轴线位置度公差采用最小实体要求,$\phi 8^{+0.25}_{0}$ 的轴线对 A 基准的位置度公差要求为 ϕ0.4 mm,即给定的位置度公差值是 ϕ0.40 mm。当孔的实际要素偏离最小实体尺寸时,轴线的位置度公差允许增大,位置度公差最大增值是 0.25 mm,位置度误差允许达到的最大值为 ϕ0.65 mm。例如,当孔的实际要素为 ϕ8.25 mm 时,位置度公差应为 ϕ0.4 mm;当孔的实际要素为 ϕ8 mm 时,位置度公差应为 ϕ0.65 mm。

图 4-28　最小实体要求应用
于被测要素示例

该孔满足的要求是:孔的实际要素在 8～8.25 mm 之内,孔的实际轮廓不超过最小实体实效边界(8.65 mm)。

(2) 最小实体要求应用于基准要素　如图 4-29 所示,最小实体要求应用于基准要素时,基准要素应遵守相应的边界。若基准要素的实际轮廓偏离相应的边界,即其体内作用尺寸偏离相应的边界尺寸,则允许基准要素在一定范围内浮动,浮动范围等于基准要素的体内作用尺寸与相应边界尺寸之差。

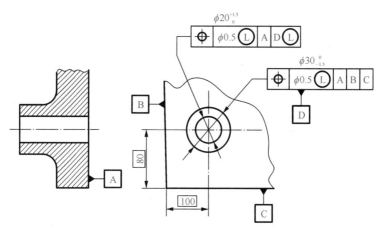

图 4-29　最小实体要求应用于基准要素示例

基准要素本身采用最小实体要求时,则相应的边界为最小实体实效边界,此时基准代号应直接标注在形成该最小实体实效边界的几何公差框格下面。

4. 可逆要求

可逆要求就是既允许尺寸公差补偿给几何公差,反过来也允许几何公差补偿给尺寸公差的一种要求。可逆要求的标注方法,是在图样上将可逆要求的符号 Ⓡ 置于被测要素的几何公差值的符号 Ⓜ 或 Ⓛ 的后面。

(1) 可逆要求用于最大实体要求　当被测要素实际要素偏离最大实体尺寸时,偏离量可补偿给几何公差值;当被测要素的几何误差值小于给定值时,其差值可补偿给尺寸公差值。也就是说,当满足最大实体要求时,可使被测要素的几何公差增大;而当满足可逆要求时,可使被测要素的尺寸公差增大。此时,被测要素的实际轮廓应遵守其最大实体实效边界。

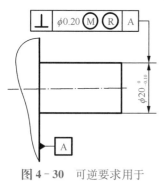

图 4-30　可逆要求用于
最大实体示例

可逆要求用于最大实体要求的示例如图 4-30 所示,外圆 $\phi 20_{-0.10}^{0}$ 的轴线对基准端面 A 的垂直度公差为 $\phi 0.20$ mm,同时采用了最大实体要求和可逆要求。

当轴的实体直径为 $\phi 20$ mm 时,垂直度误差为 $\phi 0.20$ mm;当轴的实际直径偏离最大实体尺寸为 $\phi 19.9$ mm 时,偏离量可补偿给垂直度误差,即垂直度误差可为 $\phi 0.30$ mm;当轴线相对基准 A 的垂直度小于 $\phi 0.20$ mm 时,则可以给尺寸公差补偿。例如,当垂直度误差为 $\phi 0.10$ mm 时,实际直径可做到 $\phi 20.10$ mm;当垂直度误差为 $\phi 0$ 时,实际直径可做到 $\phi 20.20$ mm。此时,轴的实际轮廓仍控制在边界内。

(2)可逆要求用于最小实体要求 当被测要素实际要素偏离最小实体尺寸时,偏离量可补偿给几何公差值;当被测要素的几何误差小于给定的公差值时,也允许实际要素超出尺寸公差所给出的最小实体尺寸。此时,被测要素的实际轮廓仍应遵守其最小实体实效边界。

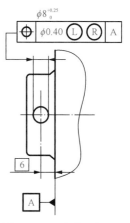

可逆要求用于最小实体要求的示例如图 4 - 31 所示,孔 $\phi 8^{+0.25}_{0}$ 的轴线对基准面 A 的位置度公差为 $\phi 0.40$ mm,是既采用最小实体要求,又同时采用可逆要求。当孔的实际直径为 $\phi 8.25$ mm 时,其轴线的位置度公差为 $\phi 0.40$ mm;当孔的实际直径为 $\phi 8$ mm 时,其轴线的位置误差可达到 $\phi 0.65$ mm;当轴线的位置误差小于 $\phi 0.40$ mm 时,则可以给尺寸公差补偿。例如,当位置度误差为 $\phi 0.30$ mm 时,实际直径可做到 $\phi 8.35$ mm;当位置度误差为 $\phi 0.20$ mm 时,实际直径可做到 $\phi 8.45$ mm。此时,孔的实际轮廓仍在控制的边界内。

5. 零几何公差

被测要素采用最大实体要求或最小实体要求时,其给出的几何公差值为零,则为零几何公差,在图样的几何公差框格中的第二格里,用 $0\text{\textcircled{M}}$ 或 $0\text{\textcircled{L}}$ 表示。

图 4 - 31 可逆要求用于最小实体示例

关联要素遵守最大实体边界时,可以应用最大实体要求的零几何公差。关联要素采用最大实体要求的零几何公差标注时,要求其实际轮廓处处不得超越最大实体边界,且该边界应与基准保持图样上给定的几何关系,要素实际轮廓的局部实际尺寸不得超越最小实体尺寸。

如图 4 - 32 所示,在图样的几何公差框格中⊥表示关联要素的垂直度,第二格中 $\phi 0\text{\textcircled{M}}$ 表示遵循零几何公差。此时,圆柱表面必须在最大实体边界内,该边界的尺寸为最大实体尺寸 $\phi 20$ mm,且与基准平面 A 垂直。实际圆柱的局部实际尺寸不得小于 $\phi 19.8$ mm。

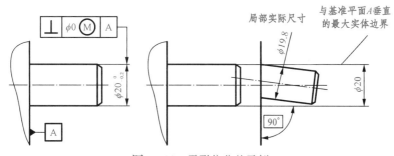

图 4 - 32 零形位公差示例

4.7 几何公差的选择

几何误差对零部件的加工和使用性能有很大的影响。因此,正确、合理地选择几何公差,对保证机器及零件的功能要求和提高经济效益十分重要。几何公差的选择主要包括几何公差项目、基准、公差值(公差等级)的选择和公差原则的选择等。

4.7.1 几何公差项目的选择

几何公差项目一般是根据零件的几何特征、使用要求和经济性等方面因素,综合考虑确定的。在保证了零件的功能要求,应尽量使几何公差项目减少、检测方法简单,并能获得较好的经济效益。在选用时,主要从以下几点考虑。

(1) 零件的几何结构特征 它是选择被测要素公差项目的基本依据。例如,轴类零件的外圆可能出现圆度、圆柱度误差,零件平面要素会出现平面度的误差,阶梯轴(孔)会出现同轴度误差,槽类零件会出现对称度误差,凸轮类零件会出现轮廓度误差等。

(2) 零件的功能使用要求 着重从要素的几何误差对零件在机器中使用性能的影响考虑,选择确定所需的几何公差项目。例如,对活塞两销孔的轴线提出了同轴度的要求,同时对活塞外圆柱面提出了圆柱度公差,用以控制圆柱体表面的形状误差。

(3) 几何公差项目的综合控制职能 各几何公差项目的控制功能不尽相同,选择时要尽量发挥它们综合控制的职能,以便减少几何公差的项目。例如,圆柱度可综合控制圆度、直线度等误差。

(4) 检测的方便性 选择的几何公差项目要与检测条件相结合,同时考虑检测的可行性和经济性。如果同样能满足零件的使用要求,应选择检测简便的项目。例如,对轴类零件,可用径向圆跳动或径向全跳动代替圆度、圆柱度以及同轴度公差。跳动公差的检测方便,具有较好的综合性能。

4.7.2 基准要素的选择

基准要素的选择包括基准部位的选择、基准数量的确定、基准顺序的合理安排等。

(1) 基准部位的选择 主要根据设计和使用要求、零件的结构特点,并综合考虑基准的统一等原则。在满足功能要求的前提下,一般选用加工或装配中精度较高的表面作为基准,力求使设计和工艺基准重合,消除基准不统一产生的误差,同时简化夹具、量具的设计与制造。而且基准要素应具有足够的刚度和尺寸,确保定位稳定、可靠。

(2) 基准数量的确定 一般根据公差项目的方向、位置几何功能要求来确定基准的数量。方向公差大多只需要一个基准,而位置公差则需要一个或多个基准。

(3) 基准顺序的安排 如果选择两个或两个以上的基准要素时,就必须确定基准要素的顺序,并按顺序填入公差框格中。基准顺序的安排主要考虑零件的结构特点,以及装配和使用要求。

4.7.3 几何公差值的选择

几何公差等级的选择原则与尺寸公差的选用原则基本相同。在满足零件功能要求的前提下,选取最经济的公差值,即尽量选用低的公差等级。

确定几何公差值的方法常采用类比法。所谓类比法就是参考现有的手册和资料,参照经过验证的类似产品的零、部件,通过对比分析,确定其公差值。采用类比法确定几何公差值时,因考虑以下几个因素:

1)零件的结构特点。对于结构复杂、刚性差(如细长轴、薄壁件等)或不易加工和测量的零件,在满足零件功能要求的情况下,适当选择低的公差等级。

2)通常,在同一要素上给定的形状公差值应小于方向、位置公差值,对于圆柱形零件的形状公差值(轴线直线度除外)一般情况下应小于其尺寸公差值。平行度公差值应小于其相应的尺寸公差值。

3)有配合要求时,应考虑形状公差与尺寸公差的关系。

4)通常情况下,表面粗糙度的 Ra 值约占形状公差值的20%～25%。

按国家标准规定,除了线轮廓度、面轮廓度以及位置度未规定公差等级外,其余几何公差项目均已划分了公差等级。一般分为12级,即1级、2级、……12级,精度依次降低。其中圆度和圆柱度划分为13级,增加了一个0级,以便适应精密零件的需要。各个公差项目的等级公差值见表4-10～表4-13(节选)。

表4-10 直线度和平面度公差值 (摘自 GB/T1184-1996)

主要参数 L/mm	公差等级/μm											
	1	2	3	4	5	6	7	8	9	10	11	12
≤10	0.2	0.4	0.8	1.2	2	3	5	8	12	20	30	60
>10～16	0.25	0.5	1	1.5	2.5	4	6	10	15	25	40	80
>16～25	0.3	0.6	1.2	2	3	5	8	12	20	30	50	100
>25～40	0.4	0.8	1.5	2.5	4	6	10	15	25	40	60	120
>40～63	0.5	1	2	3	5	8	12	20	30	50	80	150
>63～100	0.6	1.2	2.5	4	6	10	15	25	40	60	100	200
>100～160	0.8	1.5	3	5	8	12	20	30	50	80	120	250
>160～250	1	2	4	6	10	15	25	40	60	100	150	300
>250～400	1.2	2.5	5	8	12	20	30	50	80	120	200	400
>400～630	1.5	3	6	10	15	25	40	60	100	150	250	500

表4－11　圆度和圆柱度公差值（摘自 GB/T1184－1996）

主要参数 D(d)/mm	公差等级/μm												
	0	1	2	3	4	5	6	7	8	9	10	11	12
≤3	0.1	0.2	0.3	0.5	0.8	1.2	2	3	4	6	10	14	25
>3~6	0.1	0.2	0.4	0.6	1	1.5	2.5	4	5	8	12	18	30
>6~10	0.12	0.25	0.4	0.6	1	1.5	2.5	4	6	9	15	22	36
>10~18	0.15	0.25	0.5	0.8	1.2	2	3	5	8	11	18	27	43
>18~30	0.2	0.3	0.6	1	1.5	2.5	4	6	9	13	21	33	52
>30~50	0.25	0.4	0.6	1	1.5	2.5	4	7	11	16	25	39	62
>50~80	0.3	0.5	0.8	1.2	2	3	5	8	13	19	30	46	74

表4－12　平行度、垂直度和倾斜度公差值（摘自 GB/T1184－1996）

主要参数 L，D，d/mm	公差等级/μm											
	1	2	3	4	5	6	7	8	9	10	11	12
≤10	0.4	0.8	1.5	3	5	8	12	20	30	50	80	120
>10~16	0.5	1	2	4	6	10	15	25	40	60	100	150
>16~25	0.6	1.2	2.5	5	8	12	20	30	50	80	120	200
>25~40	0.8	1.5	3	6	10	15	25	40	60	100	150	250
>40~63	1	2	4	8	12	20	30	50	80	120	200	300
>63~100	1.2	2.5	5	10	15	25	40	60	100	150	250	400

表4－13　同轴度、对称度、圆跳动和全跳动（摘自 GB/T1184－1996）

主要参数 D(d)/mm	公差等级/μm											
	1	2	3	4	5	6	7	8	9	10	11	12
≤1	0.4	0.6	1	1.5	2.5	4	6	10	15	25	40	60
>1~3	0.4	0.6	1	1.5	2.5	4	6	10	20	40	60	120
>3~6	0.5	0.8	1.2	2	3	5	8	12	25	50	80	150
>6~10	0.6	1	1.5	2.5	4	6	10	15	30	60	100	200
>10~18	0.8	1.2	2	3	5	8	12	20	40	80	120	250
>18~30	1	1.5	2.5	4	6	10	15	25	50	100	150	300
>30~50	1.2	2	3	5	8	12	20	30	60	120	200	400
>50~120	1.5	2.5	4	6	10	15	25	40	80	150	250	500
>120~250	2	3	5	8	12	20	30	50	100	200	300	600
>250~500	2.5	4	6	10	15	25	40	60	120	250	400	800
>500~800	3	5	8	12	20	30	50	80	150	300	500	1 000
>800~1 250	4	6	10	15	25	40	60	100	200	400	600	1 200

4.8　几何误差的检测

几何误差是被测实际要素对其理想要素的变动量。检测时,根据测得的几何误差值是否在几何公差的范围内,得出零件合格与否的结论。

几何误差有14个项目,加上零件的结构形式又各式各样,因而几何误差的检测方法有很多种。为了能正确检测几何误差,便于选择合理的检测方案,国家标准《几何公差检测规定》中,规定了几何误差的5条检测原则及应用这5条原则的108种检测方法。检测几何误差时,根据被测对象的特点和客观条件,可以按照这5条原则,在108种检测方法中,选择一种最合理的方法。也可根据实际生产条件,采用标准规定以外的检测方法和检测装置,但要保证能获得正确的检测结果。

4.8.1　几何误差的检测原则

1. 与理想要素比较的原则

与理想要素比较的原则就是将被测实际要素与理想要素比较,量值由直接或间接测量方法获得。

理想要素用模拟方法获得。使用此原则所测得的结果,与规定的误差定义一致,是一种检测几何误差的基本原则。实际上,大多数几何误差的检测都应用这个原则。检测方法如图4-33所示。

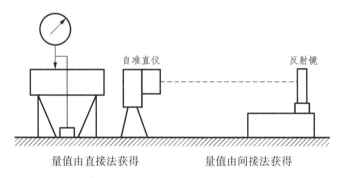

量值由直接法获得　　　　　　　量值由间接法获得

图4-33　与理想要素比较原则示例

2. 测量坐标值原则

测量坐标值原则就是测量被测实际要素的坐标值(如直角坐标值、极坐标值、圆柱面坐标值),并经过数字处理获得的几何误差值。这项原则适用于测量形状复杂的表面,它的数字处理工作比较复杂,目前这种测量方法还不能普遍应用。检测方法如图4-34所示。

3. 测量特征参数原则

测量特征参数原则就是测实际要素上具有代表性的参数(特征参数)来表示几何误差值。这是一种近似测量方法,但是易于实现,所以在实际生产中经常使用。检测方法如图

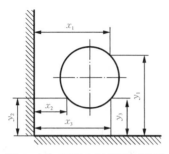

图 4-34　测量坐标值原则示例

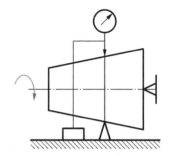

图 4-35　测量特征参数原则示例

4-35 所示。

4. 测量跳动原则

测量跳动原则就是被测实际要素绕基准轴线回转,在回转过程中沿给定的方向测量其对某参考点或某线的变动量,变动量是指示器上最大与最小的读数值之差。这种方法使用时比较简单,但只限测量回转体形位。检测方法如图 4-36 所示。

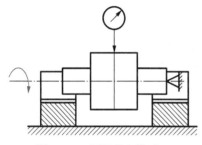

图 4-36　测量径向跳动

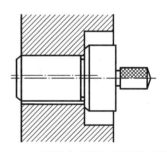

图 4-37　用综合量规检验同轴度误差

5. 控制实效边界原则

控制实效边界原则就是检验被测实际要素是否超过实效边界,以判断合格与否。一般是使用综合量规检测被测实际要素是否超越实效边界,以此判断零件是否合格。这种原则是应用在被测要素是按最大实体要求规定所给定的几何公差。检测方法如图 4-37 所示。

4.8.2　形状误差的检测

1. 直线度误差的检测

如图 4-38 所示,用刀口尺测量某一表面轮廓线的直线度误差。将刀口尺的刃口与实际轮廓紧贴,实际轮廓线与刃口之间的最大间隙就是直线度误差,其间隙值可由两种方法获得:

1)当直线度误差较大时,可用塞尺直接测出。

2)当直线度误差较小时,可通过与标准光隙比较的方法估读出误差值。

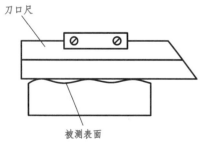

图 4-38　刀口尺测量表面轮廓线的直线度误差

图 4-39 所示为用指示表测量外圆轴线的直线度误差。测量时,将工件安装在平行于平板的两顶尖之间,沿铅垂轴截面的两条素线测量,同时记录两指示表在各测点的读数差(绝对值),取各测点读数差的一半的最大值为该轴截面轴线的直线度误差。按上述方法测量若干个轴截面,取其中最大的误差值作为该外圆轴线的直线度误差。

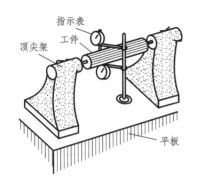

图 4-39　指示表测量外圆轴线的
直线度误差

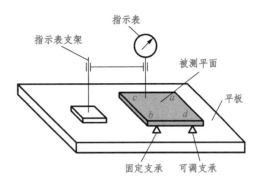

图 4-40　指示表测量平面度误差

2. 平面度误差的检测

图 4-40 所示为用指示表测量平面度误差。测量时,将工件支承在平板上,借助指示表调整被测平面对角线上的 a 与 b 两点,使之等高;再调整另一对角线上 c 和 d 两点,使之等高;然后移动指示表测量平面上各点,指示表的最大与最小读数之差即为该平面的平面度误差。

3. 圆度误差的检测

检测外圆表面的圆度误差时,可用千分尺测出同一正截面的最大直径差,此差值的一半即为该截面的圆度误差。测量若干个正截面,取其中最大的误差值作为该外圆的圆度误差。圆柱孔的圆度误差可用内径百分表(或千分表)检测,其测量方法与上述相同。

图 4-41 所示为用指示表测量圆锥面的圆度误差。测量时,应使圆锥面的轴线垂直于测量截面,同时固定轴向位置;在工件回转一周过程中,指示表读数的最大差值的一半即为该截面的圆度误差。按上述方法测量若干个截面,取其中最大的误差值作为该圆锥面的圆度误差。

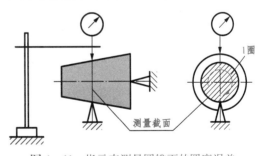

图 4-41　指示表测量圆锥面的圆度误差

4. 圆柱度误差的检测

图 4-42 所示为用指示表测量某工件外圆表面的圆柱度误差。测量时,将工件放在平板上的 V 形架内(V 形架的长度大于被测圆柱面长度);在工件回转一周过程中,测出一个正截面上的最大与最小读数。两者之差反映了该测量截面的圆度误差 f,$f=(M_{max}-M_{min})/K$,其中 K 为反映系数,与 V 型块的夹角有关,查表取得,可近似取 2。

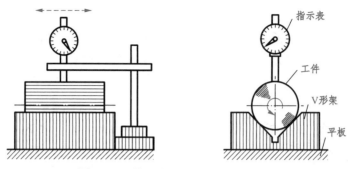

图 4-42 外圆表面圆柱度误差的检测

按上述方法,连续测量若干正截面,取各截面内所测得的所有读数中最大与最小读数的差值的一半,作为该圆柱面的圆柱度误差。为测量准确,通常使用夹角为 90° 和 120° 的两个 V 形架分别测量。

4.8.3 方向、位置、跳动误差的检测

1. 基准的体现

在方向、位置、跳动误差的检测中,被测实际要素的方向或(和)位置是根据基准来确定的。理想基准要素是不存在的,在实际测量中,通常用模拟法来体现基准,即用有足够精确形状的表面来体现基准平面、基准轴线、基准中心平面等。

图 4-43(a)表示用检验平板来体现基准平面;图 4-43(b)表示用可胀式或与孔无间隙配合的圆柱心轴来体现孔的基准轴线;图 4-43(c)表示用 V 形架来体现外圆基准轴线;图 4-43(d)表示用与实际轮廓成无间隙配合的平行平面定位块的中心平面来体现基准中心平面。

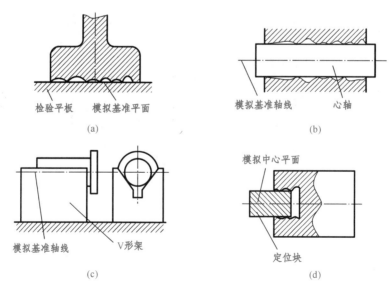

图 4-43 用模拟法体现基准

2. 平行度误差的检测

图 4-44(a) 所示，用指示表测量面对面的平行度误差。测量时，将工件放置在平板上，用指示表测量被测平面上各点，指示表的最大与最小读数之差即为该工件的平行度误差。

图 4-44(b) 所示，测量某工件孔轴线对底平面的平行度误差。测量时，将工件直接放置在平板上，被测孔轴线由心轴模拟。在测量距离为 L_2 的两个位置上测得的读数分别为 M_1 和 M_2，则平行度误差为 $\dfrac{L_1}{L_2}|M_1-M_2|$。 其中，$L_1$ 为被测孔轴线的长度。

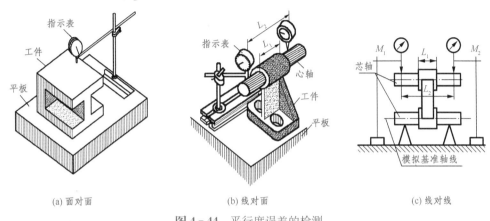

图 4-44　平行度误差的检测

图 4-44(c) 用来测量在给定的方向上线对线的平行度误差，将被测零件放在等高的支撑上，基准轴线被测轴线均由心轴模拟。在测量距离为 L_2 的两个位置上测得的读数分别为 M_1 和 M_2，则平行度误差为 $f=\dfrac{L_1}{L_2}|M_1-M_2|$；对于给定互相垂直的两个方向上线对线的平行度误差检测，是按上述方法，分别测出轴线在垂直方向和水平方向的平行度误差 $f_{垂直}$ 和 $f_{水平}$；在任意方向上的平行度误差检测，是按上述方法分别测出轴线在垂直方向和水平方向的平行度误差 $f_{垂直}$ 和 $f_{水平}$，然后计算被测轴线在任意方向上的平行度误差 $f=\sqrt{f_{垂直}^2+f_{水平}^2}$。

3. 垂直度误差的检测

图 4-45(a) 所示为用精密直角尺检测面对面的垂直度误差。检测时，将工件放置在平

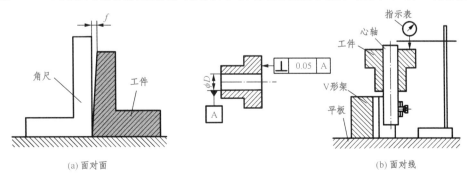

图 4-45　垂直度误差的检测

板上,精密直角尺的短边置于平板上,长边靠在被测平面上,用塞尺测量直角尺长边与被测平面之间的最大间隙 f。移动直角尺,在不同位置上重复上述测量,取测得 f 的最大值 f_{max} 作为该平面的垂直度误差。

图 4-45(b)所示为测量某工件端面对孔轴线的垂直度误差。测量时,将工件套在心轴上,心轴固定在 V 形架内,基准孔轴线通过心轴用 V 形架模拟。用指示表测量被测端面上各点,指示表的最大与最小读数之差即为该端面的垂直度误差。

4. 同轴度误差的检测

图 4-46 所示为测量某台阶轴 ϕd 轴线对两端 ϕd_1 轴线组成的公共轴线的同轴度误差。测量时,将工件放置在两个等高 V 形架上,沿铅垂轴截面的两条素线测量,同时记录两指示表在各测点的读数差(绝对值),取各测点读数差的最大值为该轴截面轴线的同轴度误差。转动工件,按上述方法测量若干个轴截面,取其中最大的误差值作为该工件的同轴度误差。

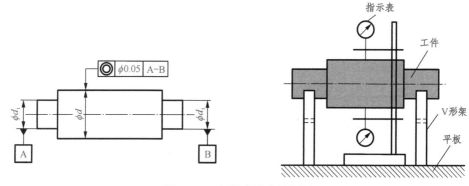

图 4-46　同轴度误差的检测

5. 对称度误差的检测

图 4-47 所示为测量某轴上键槽中心平面对 ϕd 轴线的对称度误差。基准轴线由 V 形架模拟,键槽中心平面由定位块模拟。测量时,用指示表调整工件,使定位块沿径向与平板平行并读数,然后将工件旋转 180°后重复上述测量,取两次读数的差值作为该测量截面的对称度误差。按上述方法测量若干个截面,取其中最大的误差值作为该工件的对称度误差。

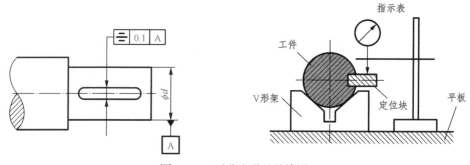

图 4-47　对称度误差的检测

6. 圆跳动误差的检测

图 4-48 所示为测量某台阶轴 ϕd_2 圆柱面对两端中心孔轴线组成的公共轴线的径向圆跳动误差。测量时,工件安装在两同轴顶尖之间,在工件回转一周过程中,指示表读数的最大差值即该测量截面的径向圆跳动误差。按上述方法测量若干正截面,取各截面测得的跳动量的最大值作为该工件的径向圆跳动误差。

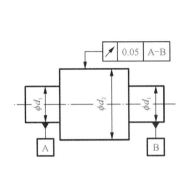
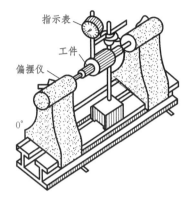

图 4-48 径向圆跳动误差的检测

图 4-49 所示为测量某工件端面对 ϕd 外圆轴线的轴向圆跳动误差。测量时将工件支承在导向套筒内,并在轴向固定。在工件回转一周过程中,指示表读数的最大差值即为该测量圆柱面上的轴向圆跳动误差。将指示表沿被测端面径向移动,按上述方法测量若干个位置的端面圆跳动,取其中的最大值作为该工件的轴向圆跳动误差。

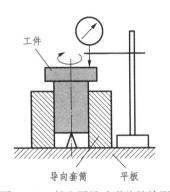
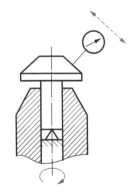

图 4-49 轴向圆跳动误差的检测   **图 4-50** 斜向圆跳动误差的检测

图 4-50 所示为测量某工件圆锥面对 ϕd 外圆轴线的斜向跳动误差。测量时,将工件支承在导向套筒内,并在轴向固定,指示表测头的测量方向要垂直于被测圆锥面,在工件回转一周过程中,指示表读数的最大差值即为该测量圆锥面上的斜向圆跳动误差。将指示表沿被测圆锥面素线移动,按上述方法测量若干个位置的斜向圆跳动,取其中的最大值作为该圆锥面的斜向圆跳动误差。

4.9　几何公差的工程应用

4.9.1　几何公差等级的应用举例

确定几何公差值的方法有类比法、计算法及经验法,其中类比法用得较多。

部分几何公差等级的应用举例见表 4-14~表 4-17,供选择时参考。

表 4-14　直线度和平面度公差等级应用举例

公差等级	应 用 举 例
5	用于 1 级平板,2 级宽平尺,平面磨床纵导轨、垂直导轨、立柱导轨及工作台,液压龙门刨床和转塔车床床身导轨,柴油机进、排气门寻杆等
6	普通车床、龙门刨床、滚齿机、自动车床等的床身导轨及工作台,柴油机机体上部结合面等
7	2 级平板,机床主轴箱、摇臂钻床底座及工作台,镗床工作台,液压泵盖,减速器壳体结合面等
8	机床传动箱体,交换齿轮箱体,车床溜板箱体,柴油机汽缸体,连杆分离面,汽缸盖,汽车发动机缸盖,曲轴箱结合面,液压管件和法兰联结面
9	3 级平板,自动车床床身底面,摩托车曲轴箱体,汽车变速器壳体,手动机械的支承面

表 4-15　圆度和圆柱度公差等级应用举例

公差等级	应 用 举 例
5	一般计量仪主轴、测杆外圆柱面,陀螺仪轴颈,一般机床主轴轴颈及主轴轴承孔,柴油机、汽油机活塞、活塞销,与 E 级滚动轴承配合的轴颈
6	仪表端盖外圆柱面,一般机床主轴及前轴承孔,泵、压缩机的活塞、汽缸,汽油发动机凸轮轴,纺机锭子,减速器传动轴轴颈,高速船用柴油机,拖拉机曲轴主轴颈,与 E 级滚动轴承配合的外壳孔,与 G 级滚动轴承配合的轴颈
7	大功率低速柴油机曲轴轴颈、活塞、活塞销、连杆、汽缸,高速柴油机箱体轴承孔,千斤顶或压力油缸活塞,机车传动轴,水泵及通用减速器转轴轴颈,与 G 级滚动轴承配合的外壳孔
8	低速发动机、大功率曲柄轴轴颈,压气机连杆盖、体,拖拉机汽缸、活塞,炼胶机冷铸釉辊,印刷机传墨辊,内燃机曲轴轴颈,柴油机凸轮轴承孔、凸轮轴,拖拉机,小型船用柴油机气缸套等
9	空气压缩机缸体,滚压传动筒,通用机械杠杆与拉杆用套筒销子,拖拉机活塞环、套筒孔

表 4-16　平行度、垂直度和倾斜度公差等级应用举例

公差等级	应 用 举 例
4,5	卧式车床导轨,重要支承面,机床主轴孔对基准的平行度,精密机床重要零件,计量仪器、量具、模具的基准面和工作面,主轴箱体重要孔,通用减速器壳体孔,齿轮泵的油孔端面,发动机轴和离合器的凸缘,汽缸支承端面,安装精密滚动轴承的壳体孔的凸肩

续 表

公差等级	应 用 举 例
6,7,8	一般机床的基准面和工作面,压力机和锻锤的工作面,中等精度钻模的工作面,机床一般轴承对基准面的平行度,变速箱箱体孔、主轴花键对定心直径部位轴线的平行度,重型机械轴承盖端面,卷扬机、手动传动装置中的传动轴、一般导轨、主轴箱体孔、刀架、砂轮架、汽缸配合面对基准轴线以及活塞销孔对活塞中心线的垂直度,滚动轴承内、外圈端面对轴线的垂直度
9,10	低精度零件,重型机械滚动轴承端盖,柴油机、煤气发动机箱体曲轴孔、曲轴颈、花键轴和轴肩端面,带运输机法主兰盘等端面对轴线的垂直度,手动卷扬机及传动装置中的轴承端面、减速器壳体平面

表 4-17 同轴度、对称度、圆跳动和全跳动公差等级应用举例

公差等级	应 用 举 例
5,6,7	这是应用范围较广的公差等级。用于形位精度要求较高、尺寸公差等级为 IT8 的零件。5 级常用于机床轴颈,计量仪器的测量杆,汽轮机主轴,柱塞油泵转子,高精度滚动轴承外圈,一般精度滚动轴承内圈,回转工作台端面圆跳动。7 级用于内燃机曲轴、凸轮轴、齿轮轴,水泵轴,汽车后轮输出轴,电动机转子,印刷机传墨辊的轴颈、键槽
8,9	常用于形位精度要求一般、尺寸公差等级 IT9~IT11 的零件。8 级用于拖拉机发动机分配轴轴颈,与 9 级精度以下齿轮相配的轴,水泵叶轮,离心泵体,棉花精梳机前后滚子,键槽等。9 级用于内燃机汽缸套配合面,自行车中轴

4.9.2 工程应用实例

图 4-1 所示的一级直齿圆柱齿轮减速器,已知传递的功率 $P=5\,kW$,转速 $n_1=960\,r/min$,稍有冲击,图 4-51 (a)所示为图 4-1 减速机的输出轴零件图,根据工况条件试对减速器输出轴的 $\phi55k6$,$\phi56r6$ 圆柱面、14N9 和 16N9 键槽、轴肩 $\phi62$ 的两端面等重要部位选择几何公差项目、几何公差值,并作图样标注及检测。

根据减速器的使用功能,采用类比法,参考表 4-14~表 4-17 的应用举例,并查表 4-11、表 4-13,分别选择:

1) $\phi55k6$ 圆柱面的圆柱度公差为 0.005 mm;

2) $\phi55k6$ 圆柱面、$\phi55r6$ 圆柱面分别对 $\phi55k6$ 圆柱面的公共轴线的径向圆跳动公差皆为 0.025 mm;

3) 14N9 键槽中心平面对 $\phi45r6$ 圆柱面轴线的对称度公差为 0.02 mm,16N9 键槽中心平面对 $\phi56r6$ 圆柱面轴线的对称度公差为 0.02 mm;

4) 轴肩 $\phi62$ 两端面对 $\phi55k6$ 圆柱面公共轴线的轴向圆跳动公差为 0.025 mm。

图样标注如图 4-51 (b)所示,圆柱度、圆跳动、对称度的检测方法详见 4.6。

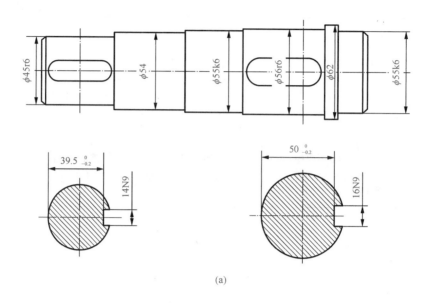

(a)

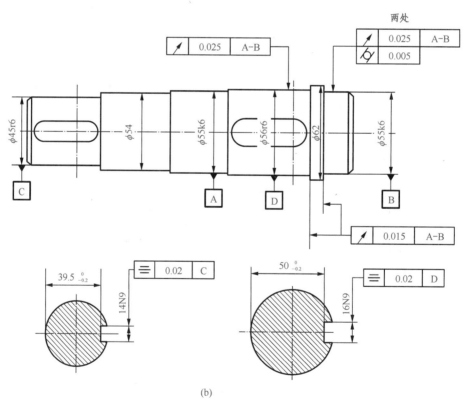

(b)

图 4 - 51　减速器输出轴几何公差

 习 题

4-1 几何公差特性共有多少项？每个项目的名称和符号是什么？

4-2 什么是零件的几何要素？零件的几何要素是怎样分类的？

4-3 形状公差、方向公差、位置公差等公差带的方向、位置有何特点？

4-4 轮廓要素和中心要素的几何公差标注有什么区别？

4-5 几何公差项目的选择应具体考虑哪些问题？

4-6 国家标准规定了哪些公差要求(原则)？它们的含义是什么？并说明它们应用场合。

4-7 试说出下列几何公差项目的公差带有何相同点和不同点：

(1) 圆度和径向圆跳动公差带；

(2) 端面对轴线的垂直度和轴向全跳动公差带；

(3) 圆柱度和径向全跳动公差带。

4-8 如题 4-8 图所示销轴的 3 种几何公差标注,说明它们的公差带有何不同。

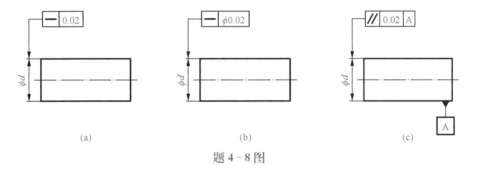

(a)　　　　　　　(b)　　　　　　　(c)

题 4-8 图

4-9 解释题 4-9 图中各项几何公差的含义。

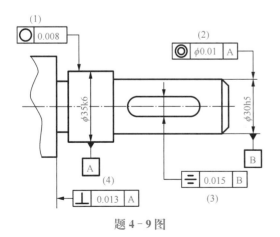

题 4-9 图

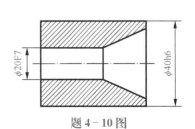

题 4-10 图

4-10 将下列几何公差要求标注在题 4-10 图上：

(1) $\phi20F7$ 孔的轴线对左端面的垂直度公差为 $\phi0.01$ mm；

(2) $\phi40h6$ 外圆柱面轴线对 $\phi20F7$ 孔的轴线的同轴度公差为 $\phi0.03$ mm；

(3) 内锥孔面对 $\phi20F7$ 孔的轴线的斜向圆跳动公差为 0.05 mm；

(4) 内锥孔面的圆度公差为 0.02 mm；

(5) 左端面的平面度公差为 0.005 mm。

4-11 将下列几何公差要求标注在题 4-11 图上：

(1) ϕd_1 孔的圆柱度公差 0.02 mm，圆度公差 0.015 mm；

(2) B 面的平面度公差 0.01 mm，B 面对 d_1 孔的轴线的轴向圆跳动公差 0.04 mm；

(3) B 面对 C 面的平行度公差 0.03 mm；

(4) ϕd_1 圆柱面轴线的直线度公差为 $\phi0.01$ mm。

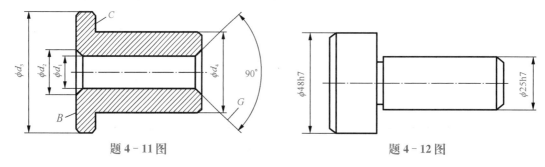

题 4-11 图　　　　　　　　　　题 4-12 图

4-12 将下列要求标注在题 4-12 图上：

(1) $\phi48h7$ 轴线对 $\phi25h7$ 轴线的同轴度公差为 $\phi0.02$ mm；

(2) 左端面对 $\phi25h7$ 轴线的轴向圆跳动公差为 0.03 mm；

(3) $\phi25h7$ 外圆柱面的圆柱度公差为 0.01 mm；

(4) $\phi48h7$ 圆柱右端面对左端面的平行度公差为 0.04 mm；

(5) $\phi25h7$ 轴线对 $\phi48h7$ 圆柱的左端面的垂直度公差 $\phi0.015$ mm。

4-13 将下列技术要求标注在题 4-13 图上：

(1) 圆锥面的圆度公差为 0.01 mm，圆锥素线直线度公差为 0.02 mm；

(2) 圆锥轴线对 ϕd_1 和 ϕd_2 两圆柱面公共轴线的同轴度为 $\phi0.05$ mm；

(3) 端面 A 对 ϕd_1 和 ϕd_2 两圆柱面公共轴线的轴向圆跳动公差为 0.03 mm；

(4) ϕd_1 和 ϕd_2 圆柱面的圆柱度公差分别为 0.008 mm 和 0.006 mm。

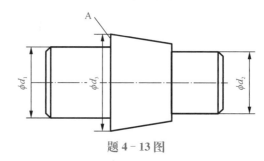

题 4-13 图

4-14 将下列几何公差要求标注在题 4-14 图上：

(1) 底面的平面度公差 0.012 mm；

(2) ϕd 两孔的轴线分别对它们的公共轴线的同
轴度公差为 $\phi 0.015$ mm；

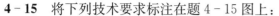

题 4-14 图

4-15 将下列技术要求标注在题 4-15 图上：

(1) 圆锥面 a 的圆度公差为 0.1 mm；

(2) 圆锥面 a 对孔轴线 b 的斜向圆跳动公差为 0.02 mm；

(3) 孔轴线 b 的直线度公差为 $\phi 0.005$ mm；

(4) 孔表面 c 的圆柱度公差为 0.01 mm；

(5) 端面 d 对基准孔轴线 b 的轴向全跳动公差为 0.01 mm；

(6) 端面 e 对端面 d 的平行度公差为 0.03 mm。

4-16 将下列技术要求标注在题 4-16 图上：

(1) ϕd_1 的圆柱度误差不大于 0.02 mm，圆度误差不大于 0.015 mm；

(2) B 面的平面度误差不大于 0.001 mm，B 面对 ϕd_1 的轴线的
轴向圆跳动不大于 0.04 mm，B 面对 C 面的平行度误差不
大于 0.02 mm；

(3) 平面 F 对 ϕd_1 轴线的轴向圆跳动不大于 0.04 mm；

(4) ϕd_2 外圆柱面的轴线对 ϕd_1 内孔轴线的同轴度误差不大于 $\phi 0.2$ mm；

(5) ϕd_3 外圆柱面轴线对 ϕd_1 孔轴线的同轴度误差不大于 $\phi 0.16$ mm。

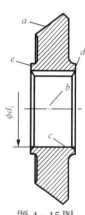

题 4-15 图

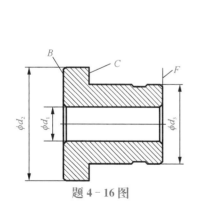

题 4-16 图

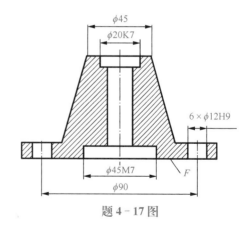

题 4-17 图

4-17 将下列技术要求标注在图上：

(1) 底面 F 的平面度公差 0.02 mm，$\varphi 20K7$ 和 $\varphi 45M7$ 孔的内端面对它们的公共轴
线的轴向圆跳动公差为 0.04 mm；

(2) $\varphi 20K7$ 和 $\varphi 45M7$ 孔的轴线对它们的公共轴线的同轴度公差为 $\varphi 0.03$ mm；

(3) $6-\varphi 12H9$ 对 $\varphi 45M7$ 孔的轴线和 F 面的位置度公差为 0.05 mm。

4-18 将下列技术要求标注在题 4-18 图上：

   (1) 16N9 键槽中心平面对 ϕ55k6 圆柱面轴线的对称度公差为 0.012 mm；

   (2) ϕ55k6 圆柱面、ϕ60r6 圆柱面和 ϕ80G7 孔分别对 ϕ65k6 圆柱面和 ϕ75k6 圆柱面的公共轴线的径向圆跳动公差皆为 0.025 mm；

   (3) 平面 F 的平面度公差为 0.02 mm；

   (4) 平面 F 对 ϕ65k6 圆柱面和 ϕ75k6 圆柱面的公共轴线的轴向圆跳动公差为 0.04 mm；

   (5) 10×20P8 孔轴线(均布)对 ϕ65k6 圆柱面和 ϕ75k6 圆柱面的公共轴线(第一基准)及平面 F(第二基准)的位置度公差皆为 ϕ0.5 mm。

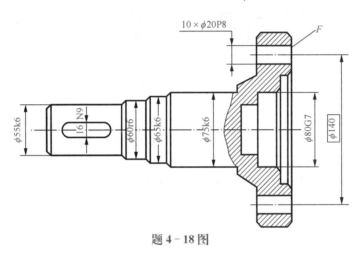

题 4-18 图

4-19 请改正题 4-19 图中几何公差标注的错误。

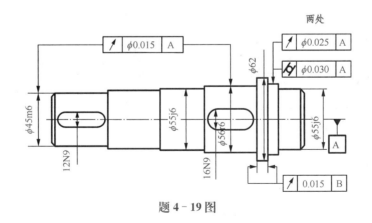

题 4-19 图

4-20 用文字解释题 4-20 图中各几何公差标注的含义，并填写下表。

序号	公差项目名称	几何公差带含义(公差带形状、大小、方向、位置)
①		
②		
③		
④		
⑤		
⑥		

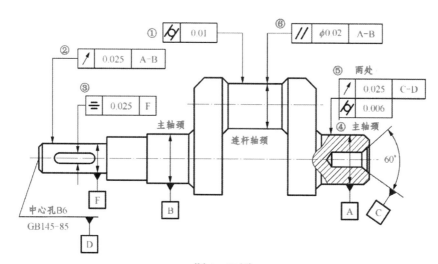

题 4 - 20 图

学习情境 5

表面粗糙度及检测

● **项目内容**

◇ 表面粗糙度。

● **学习目标**

◇ 掌握表面粗糙度的概念、表面粗糙度对零件使用性能的影响、表面粗糙度的评定；

◇ 了解表面粗糙度数值的选择及表面粗糙度的测量；

◇ 了解表面粗糙度的工程应用；

◇ 培养严谨的设计计算以及检测态度、质量意识、责任意识。

● **能力目标**

◇ 初步学会根据机器和零件的功能要求，选用合适的表面粗糙度及检测方法。

● **知识点与技能点**

◇ 表面粗糙度的概念、表面粗糙度对零件使用性能的影响、表面粗糙度的评定；

◇ 表面粗糙度数值的选择及表面粗糙度的测量；

◇ 表面粗糙度的工程应用。

任 务 引 入

零件的表面粗糙度对其使用性能有何影响？根据工况条件，如何选择、标注、检测零件表面粗糙度？测量仪器、测量方法的正确使用能提高工作质量和效率，一丝不苟、严谨的工作态度能保证工程质量。

图 5-1 是图 4-1 所示的一级直齿圆柱齿轮减速器的输出轴,根据使用功能,对图示的轴表面粗糙度进行选择和图样标注。

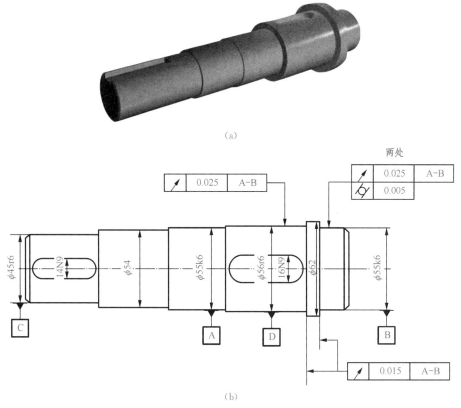

图 5-1   减速器输出轴

相 关 知 识

5.1   表 面 粗 糙 度

1. 表面粗糙度的概念

经过机械加工的零件表面,不可能是绝对平整和光滑的,实际上存在着一定程度宏观和微观的几何形状误差。表面粗糙度是反映微观几何形状误差的一个指标,即微小的峰谷高低程度及其间距状况。

表面粗糙度和宏观几何形状误差(形状误差)、波度误差的区别:一般以波距小于 1 mm

为表面粗糙度,波距在 1～10 mm 为波度,波距大于 10 mm 属于形状误差。国家尚无此划分标准,也有按波距 λ 和波峰高度 h 比值划分的,如图 5-2 所示:$\lambda/h < 40$,属于表面粗糙度;$\lambda/h = 40～1\,000$,属于波度误差;$\lambda/h > 1\,000$ 为形状误差。

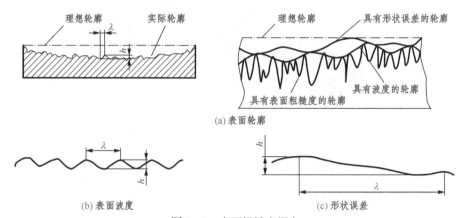

(a) 表面轮廓

(b) 表面波度   (c) 形状误差

图 5-2   表面粗糙度概念

2. 表面粗糙度对零件使用性能的影响

(1) 对摩擦、磨损的影响   表面越粗糙,零件表面的摩擦系数就越大,两相对运动的零件表面磨损越快;若表面过于光滑,磨损下来的金属微粒的刻划作用、润滑油被挤出、分子间的吸附作用等,也会加快磨损。实践证明,磨损程度和表面粗糙度关系,如图 5-3 所示。

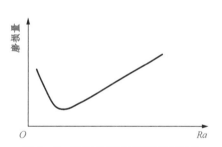

图 5-3   磨损量和表面粗糙度关系

(2) 对配合性质的影响   对于有配合要求的零件表面,粗糙度会影响配合性质的稳定性。若是间隙配合,表面越粗糙,微观峰尖在工作时很快磨损,导致间隙增大;若是过盈配合,则在装配时零件表面的峰顶会被挤平,从而使实际过盈小于理论过盈量,降低联结强度。

(3) 对腐蚀性的影响   金属零件的腐蚀主要由于化学和电化学反应造成,如钢铁的锈蚀。粗糙的零件表面,腐蚀介质越容易存积在零件表面凹谷,再渗入金属内层,造成锈蚀。

(4) 对强度的影响   粗糙的零件表面,在交变载荷作用下,对应力集中很敏感,因而降低零件的疲劳强度。

(5) 对结合面密封性的影响   粗糙表面结合时,两表面只在局部点上接触,中间存在缝隙,降低密封性能。

由此可见,在保证零件尺寸精度、几何公差的同时,应控制表面粗糙度。

5.2　表面粗糙度的评定

5.2.1　主要术语

1. 取样长度 l_r

测量和评定表面粗糙度时所规定的一段基准长度,称为取样长度 l_r,如图 5-4 所示。规定取样长度是为了限制和减弱宏观几何形状误差,特别是波度对表面粗糙度测量结果的影响。一般取样长度至少包含 5 个轮廓峰和轮廓谷,表面越粗糙,取样长度应越大。

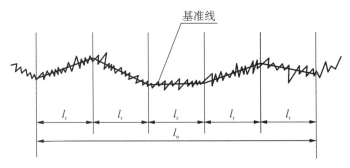

图 5-4　取样长度和评定长度

国家标准 GB/T1031-2009《表面粗糙度　参数及其数值》规定的取样长度和评定长度,见表 5-1。

表 5-1　取样长度和评定长度的选用值　(摘自 GB/T1031-2009)

$Ra/\mu m$	$Rz/\mu m$	l_r/mm	$l_n/mm\ (l_n = 5l_r)$
$\geqslant 0.008 \sim 0.02$	$\geqslant 0.025 \sim 0.10$	0.08	0.4
$> 0.02 \sim 0.10$	$> 0.10 \sim 0.50$	0.25	1.25
$> 0.10 \sim 2.0$	$> 0.50 \sim 10.0$	0.8	4.0
$> 2.0 \sim 10.0$	$> 10.0 \sim 50.0$	2.5	12.5
$> 10.0 \sim 80.0$	$> 50.0 \sim 320$	8.0	40.0

注:Ra,Rz 为粗糙度评定参数。

2. 评定长度 l_n

评定长度是指评定轮廓表面所必需的一段长度。由于被加工表面粗糙度不一定很均匀,为了合理、客观地反映表面质量,往往评定长度包含几个取样长度,如图 5-4 所示。

如果加工表面比较均匀,可取 $l_n < 5l_r$;若表面不均匀,则取 $l_n > 5l_r$;一般取 $l_n = 5l_r$。具体数值见表 5-1。

3. 轮廓中线(基准线)

轮廓中线是评定表面粗糙度参数值大小的一条参考线。下面介绍两种轮廓中线。

（1）轮廓最小二乘中线　是具有几何轮廓形状并划分轮廓的基准线,在取样长度内使轮廓上各点的轮廓偏距的平方和最小,如图 5-5 所示。轮廓偏距是指轮廓线上的点到基准线的距离,如 y_1, y_2, y_3, …, y_n。轮廓最小二乘中线的数学表达式为

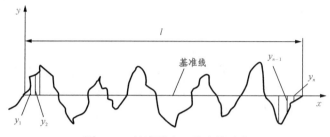

图 5-5　轮廓最小二乘中线示意

$$\int_0^l y^2 \mathrm{d}x = \min。$$

（2）轮廓算术平均中线　是具有几何轮廓形状、在取样长度内与轮廓走向一致的基准线,该线划分轮廓,并使上、下两部分的面积相等,如图 5-6 所示,即

$$F_1 + F_3 + \cdots F_{2n-1} = F_2 + F_4 + \cdots F_{2n}。$$

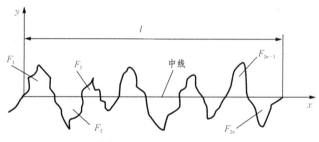

图 5-6　轮廓算术平均

用最小二乘法确定的中线是唯一的,但比较困难。算术平均法常用目测确定中线,是一种近似的图解,较为简便,所以常用它替代最小二乘法,在生产中得到广泛应用。

5.2.2　表面粗糙度的评定参数

1. 幅度参数

（1）轮廓算术平均偏差 Ra　是指在取样长度内,轮廓线上各点至轮廓中心距离(y_1, y_2, … y_n,取绝对值)的算术平均值,如图 5-7 所示,有

$$Ra = \frac{1}{l}\int_0^l |y| \mathrm{d}x$$

或近似为

$$Ra = \frac{1}{n}\sum_{i=1}^n |y_i|。$$

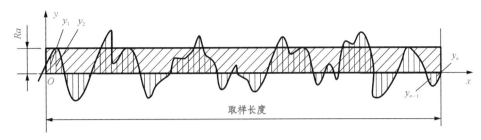

图 5-7　轮廓算术平均偏差 Ra

Ra 参数较直观、易理解，并能充分反映表面微观几何形状高度方面的特性，测量方法比较简便，是采用得较普遍的评定指标。Ra 参数能较充分地反映表面微观几何形状，其值越大，表面越粗糙。

（2）轮廓最大高度 Rz　　轮廓最大高度 Rz 是指在取样长度内，轮廓峰顶线和轮廓谷底线之间的距离，如图 5-8 所示。图中 R_p 为轮廓最大峰顶，R_m 为轮廓最大谷深，则轮廓最大高度为

$$Rz = R_p + R_m。$$

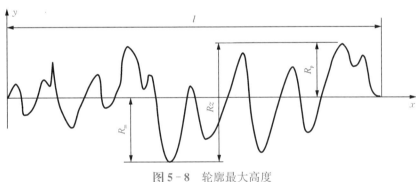

图 5-8　轮廓最大高度

Rz 常用于不可以有较深加工痕迹的零件，或被测表面很小不宜用 Ra 来评定的表面。

2. 间距参数

间距参数用轮廓单元的平均宽度 RSm 表示。如图 5-9 所示，一个轮廓峰与相邻的轮廓谷的组合叫做轮廓单元。在取样长度内，中线与各个轮廓单元相交线段的长度叫做轮廓单元的宽度，用符号 X_{si} 表示。

轮廓单元的平均宽度是指在取样长度 l_r 范围内所有轮廓单元宽度的平均值，用符号 RSm 表示，即

$$RSm = \frac{1}{m} \sum_{i=1}^{m} X_{si}。$$

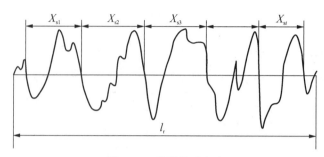

图 5‑9 轮廓单元宽度

3. 形状特性参数

轮廓支承长度率 $Rmr(c)$ 是指在评定长度内，一平行于中线的直线从峰顶线向下移一水平截距 c 时，与轮廓相截所得各段截线长度之和与评定长度 l_n 的比率（即在给定水平位置 c 上，轮廓的实体材料长度 $Ml(c)$ 与评定长度 l_n 的比率），如图 5‑10 所示。给出 $Rmr(c)$ 参数时，必须同时给出轮廓水平截距 c 值，有

$$Rmr(c) = \frac{Ml(c)}{l_n} = \frac{1}{l_n} \sum_{i=1}^{n} Ml_i \times 100\% 。$$

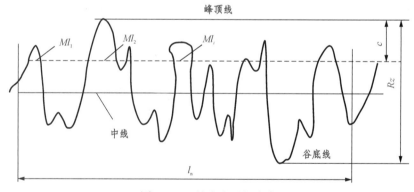

图 5‑10 轮廓支承长度率

5.2.3 一般规定

在常用的参数值范围内，优先选用 Ra。国标规定采用中线制评定表面粗糙度，粗糙度的评定参数一般从 Ra，Rz 中选取，如果零件表面有功能要求时，除选用上述高度特征参数外，还可选用附加的评定参数，如间距特征参数和形状特征参数等。Ra，Rz 参数见表 5‑2、表 5‑3。

表 5-2 轮廓算术平均偏差 *Ra*　　　　　　　　　　　　　　　　　　　（单位:μm）

系列值	补充系列	系列值	补充系列	系列值	补充系列	系列值	补充系列
	0.008						
	0.010						
0.012			0.125		1.25	12.5	
	0.016		0.160	1.6			16
	0.020	0.20			2.0		20
0.025			0.25		2.5	25	
	0.032		0.32	3.2			32
	0.040	0.40			4.0		40
0.050			0.50		5.0	50	
	0.063		0.63	6.3			63
	0.080	0.80			8.0		80
0.100			1.00		10.0	100	

表 5-3 轮廓最大高度 *Rz* 的数值　　　　　　　　　　　　　　　　　　（单位:μm）

系列值	补充系列	系列值	补充系列	系列值	补充系列	系列值	补充系列	系列值	补充系列
			0.125		1.25	12.5			125
			0.160	1.6			16.0		160
		0.20			2.0		20	200	
0.025			0.25		2.5	25			250
	0.032		0.32	3.2			32		320
	0.040				4.0		40	400	
0.050		0.40	0.50		5.0	50			500
	0.063	0	0.63	6.3			63		630
	0.080				8.0		80	800	
0.100		0.8	1.0		10.0	100			1 000

注:优先选用系列值。

5.3　表面粗糙度符号及标注

5.3.1　表面粗糙度符号

国标对表面粗糙度符号、代号及标注都作了规定,表 5-4 是表面粗糙度符号、意义及说明。

表 5 - 4　表面粗糙度符号及含义

符　号	意　义
√	基本图形符号,未指定工艺方法的表面,当通过一个注释解释时可单独使用
▽	扩展图形符号,用去除材料方法获得的表面;仅当其含义是"被加工表面"时可单独使用
⧡	扩展图形符号,不去除材料的表面,也可用于表示保持上道工序形成的表面,不管这种状况是通过去除材料或不去除材料形成的

5.3.2　表面粗糙度的标注

对零件有表面粗糙度要求时,必须同时给出表面粗糙度参数值和取样长度的要求。如果取样长度按表 5 - 1 标准值时,则可省略标注。

表面粗糙度数值及其有关规定在符号中的注写位置,如图 5 - 11 所示。

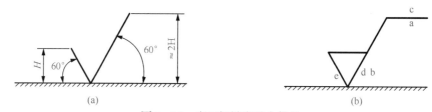

图 5 - 11　表面粗糙度基本符号

位置 a 注写第一个表面结构要求(第一个表面粗糙度要求);位置 b 注写第二个表面结构要求(第二个表面粗糙度要求);位置 c 注写加工方法;位置 d 注写表面纹理和方向;位置 e 注写加工余量,单位为 mm。表面结构代号的意义见表 5 - 5。

表 5 - 5　表面结构代号的意义

符　号	含 义 解 释
$Rz\ 0.4$	表示不允许去除材料,单向上限值,默认传输带,R 轮廓,粗糙度的最大高度 0.4 μm,评定长度为 5 个取样长度(默认),"16%规则"(默认)
$Rz\ max\ 0.2$	表示去除材料,单向上限值,默认传输带,R 轮廓,粗糙度最大高度的最大值 0.2 μm,评定长度为 5 个取样长度(默认),"最大规则"
$0.008—0.8/Ra\ 3.2$	表示去除材料,单向上限值,传输带 0.008—0.8(mm),R 轮廓,算术平均偏差 3.2 μm,评定长度为 5 个取样长度(默认),"16%规则"(默认)

符　　号	含 义 解 释
$-0.8/Ra3\ 3.2$	表示去除材料,单向上限值,传输带:根据 GB/T6062,取样长度为 $0.8\ \mu m(\lambda_s$ 默认 0.0025 mm),R 轮廓,算术平均偏差为 $3.2\ \mu m$,评定长度包含 3 个取样长度,"16％规则"(默认)
U Ra max 3.2 L Ra 0.8	表示不允许去除材料,双向极限值,两极限值均使用默认传输带,R 轮廓。上限值:算术平均偏差为 $3.2\ \mu m$,评定长度为 5 个取样长度(默认),"最大规则";下限值:算术平均偏差为 $0.8\ \mu m$,评定长度为 5 个取样长度(默认),"16％规则"(默认)
0.8—$25/Wz3\ 10$	表示去除材料,单向上限值,传输带为 0.8—25(mm),W 轮廓,波纹度最大高度为 $10\ \mu m$,评定长度包含 3 个取样长度,"16％规则"(默认)
0.008—$/Rt$ max 25	表示去除材料,单向上限值,传输带 $\lambda_s = 0.008$ mm,无长波滤波器。P 轮廓,轮廓总高为 $25\ \mu m$,评定长度等于工件长度(默认),"最大规则"
0.0025—$0.1//Rx\ 0.2$	表示任意加工方法,单向上限值,传输带 $\lambda_3 = 0.0025$ mm,$A = 0.1$ mm,评定长度为 3.2 mm(默认),粗糙度图形参数,粗糙度图形最大深度为 $0.2\ \mu m$,"16°规则"(默认)
$/10/R\ 10$	表示不允许去除材料,单向上限值,传输带 $\lambda_s = 0.008$ mm(默认),$A = 0.5$ mm(默认),评定长度为 10 mm,粗糙度图形参数,粗糙度图形平均深度为 $10\ \mu m$,"16％规则"(默认)
$W1$	表示去除材料,单向上限值,传输带 $A = 0.05$ mm(默认),$B = 2.5$ mm(默认),评定长度为 16 mm(默认),波纹度图形参数,波纹度图形平均深度为 1 mm"16％规则"(默认)
$-0.3/6/AR\ 0.09$	表示任意加工方法,单向上限值,传输带 $\lambda_s = 0.008$ mm(默认),$A = 0.3$ mm(默认),评定长度为 6 mm,粗糙度图形参数,粗糙度图形平均间距为 0.09 mm,"16％规则"(默认)

注:这里给出的表面结构参数,传输带,取样长度和参数值以及所选择的符号仅作为示例

5.3.3　表面粗糙度在图样上的标注方法

如图 5-12 所示,图样上表面粗糙度符号一般标注在可见轮廓线、尺寸线或其引出线上;对于镀涂表面,可以标注在表示线(粗点画线)上;符号的尖端必须从材料外面指向实体表面,数字及符号的注写方向必须与尺寸数字方向一致。

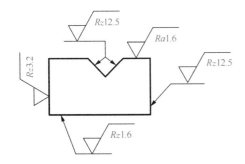
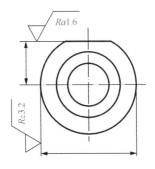

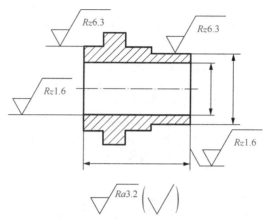

图 5 - 12　表面粗糙度在图样上的标注示例

5.4　表面粗糙度数值的选择

零件表面粗糙度不仅对其使用性能的影响是多方面的,而且关系到产品质量和生产成本。因此在选择粗糙度数值时,应在满足零件使用功能要求的前提下,同时考虑工艺性和经济性。在确定零件表面粗糙度时,除了有特殊要求的表面外,一般采用类比法选取。

在选取表面粗糙度数值时,在满足使用要求的情况下,尽量选择大的数值。除此之外,应考虑以下几个方面:

1)零件,配合表面、工作表面的数值小于非配合表面、非工作表面的数值。

2)表面、承受重载荷和交变载荷表面的粗糙度数值应选小值。

3)精度要求高的结合面、尺寸公差和几何公差精度要求高的表面,粗糙度选小值。

4)公差等级的零件,小尺寸比大尺寸、轴比孔的粗糙度值要小。

5)腐蚀的表面,粗糙度值应选小值。

6)标准已对表面粗糙度要求作出规定的应按相应标准确定表面粗糙度数值。

5.5　表面粗糙度的测量

测量表面粗糙度的常用方法有比较法、光切法、感触法、干涉法。

5.5.1　比较法

将零件被测表面对照粗糙度样块进行比较,用目测或手摸判断被加工表面粗糙度。比较时,还可借助于放大镜、比较显微镜等工具,以减少误差,提高准确度。用比较法评定表面粗糙度虽然不精确,但由于器具简单、使用方便,且能满足一般的生产要求,故为车间常用的测量方法。

5.5.2　光切法

光切法是利用光切原理借助于双管显微镜来测量表面粗糙度。它是将一束薄平的平行光带,以 45°方向投射到被测工件表面上,如图 5-13 所示。

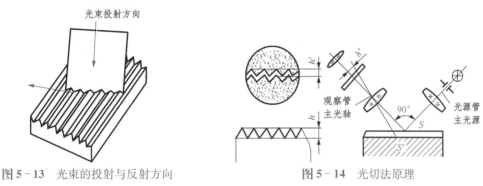

图 5-13　光束的投射与反射方向　　　　图 5-14　光切法原理

具有微小峰谷的被测表面被光带照射后,工件表面的波峰和波谷的 S 和 S' 点产生反射。此时,表面轮廓的峰谷高度被放大了 $\sqrt{2}$ 倍,经显微镜再放大 N 倍,从反射方向成像出一条与被测表面相似的弯曲亮带,如图 5-14 所示。由于此光带影像反映了被测表面的粗糙度状态,对其进行测量、计算,就可确定表面微观不平度的峰至谷的高度 h 值。光切法通常用来测量表面粗糙度的 Rz 参数。

该方法多用于双管显微镜或测量车、铣、刨或其他类似方法加工的金属零件的平面和外圆表面,但不便于检验用磨削或抛光等方法加工的金属零件的表面。

5.5.3　感触法

感触法也称为针描法,它测量表面粗糙度是利用传感器端部的金刚石触针直接在被测表面上轻轻划过,被测表面的微观不平度使触针在垂直于表面轮廓方向上产生上、下移动。仪器通过传感器,将这种移动转换为电量变化,再经滤波器将表面轮廓上属于形状误差和波度的部分滤去,留下属于表面粗糙度的轮廓曲线信号送入放大镜,在记录装置上得到实际轮廓的放大图,可直接从仪器指示表上得到 Ra 值或其他参数值。

按针描法原理制成的仪器,称为轮廓检测记录仪,如图 5-15 所示。适用于测量 5～0.25 μm 的 Ra 值,测量迅速、方便、精度高。

5.5.4　干涉法

干涉法是利用光波干涉原理来测量表面粗糙度,常用的仪器为干涉显微镜。由于这种仪器具有高的放大倍数及鉴别率,故可以测量精密表面的粗糙度。干涉显微镜的测量范围为 0.03～1 μm,适用于测量 Rz 参数值。

图 5-16 所示为 6JA 型干涉显微镜的光学系统简图。自光源 1 发出光线经聚光镜 2,4

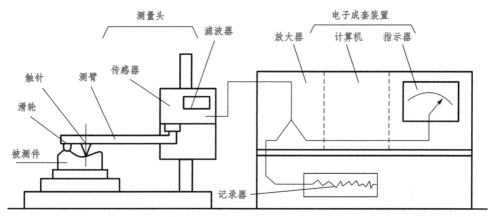

图 5 - 15 触针式轮廓检测记录仪示意图

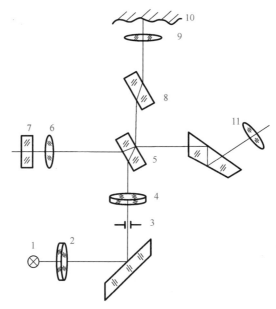

图 5 - 16 干涉显微镜的光学系统简图

及光阑 3 投射到分光镜 5 上,分光镜 5 将其分成两束光线,一束反射,一束透射。反射光束经过物镜 6 射向参考镜 7,再按原光路反射回来并透过分光镜 5,射向被测表面 10,再按原路返回,经分光镜 5 的反射,也射向目镜 11。在目镜焦平面上,两路光束相遇叠加产生干涉,从而形成干涉条纹,通过目镜即可观察到。

5.6 表面粗糙度的工程应用实例

表 5 - 6、表 5 - 7 是常用表面粗糙度数值及加工和应用,以供参考。

表 5-6　常用表面粗糙度推荐值

表面特征			$Ra/\mu m$		
经常拆卸零件的配合表面（如挂轮、滚刀等）	公差等级	表面	公称尺寸/mm		
			~50	>50~500	
	IT5	轴	0.2	0.4	
		孔	0.4	0.8	
	IT6	轴	0.4	0.8	
		孔	0.4~0.8	0.8~1.6	
	IT7	轴	0.4~0.8	0.8~1.6	
		孔	0.8	1.6	
	IT8	轴	0.8	1.6	
		孔	0.8~1.6	1.6~3.2	
过盈配合的配合表面装配 (1) 按机械压入法 (2) 装配按热处理法	公差等级	表面	公称尺寸/mm		
			~50	>50~120	>120~500
	IT5	轴	0.1~0.2	0.4	0.4
		孔	0.2~0.4	0.8	0.8
	IT6~7	轴	0.4	0.8	1.6
		孔	0.8	1.6	1.6
	IT8	轴	0.8	0.8~1.6	1.6~3.2
		孔	1.6	1.6~3.2	1.6~3.2
	—	轴	1.6		
		孔	1.6~3.2		

表面特征	表面	径向跳动公差/mm					
精密定心用配合的零件表面		2.5	4	6	10	16	25
		$Ra/\mu m$					
	轴	0.05	0.1	0.1	0.2	0.4	0.8
	孔	0.1	0.2	0.2	0.4	0.8	1.6

表面特征	表面	公差等级		液体湿摩擦条件
滑动轴承的配合表面		IT6~9	IT10~12	
		$Ra/\mu m$		
	轴	0.4~0.8	0.8~3.2	0.1~0.4
	孔	0.8~1.6	1.6~3.2	0.2~0.8

公差配合与测量技术

表5-7　表面粗糙度参数、加工方法和应用举例

$Ra/\mu m$	加 工 方 法	应 用 举 例
12.5～25	粗车、粗铣、粗刨、钻、毛锉、锯断等	粗加工非配合表面,如轴端面、倒角、钻孔、齿轮和带轮侧面、键槽底面、垫圈接触面及不重要的安装支承面
6.3～12.5	车、铣、刨、镗、钻、粗绞等	半精加工表面,如轴上不安装轴承、齿轮等处的非配合表面,轴和孔的退刀槽、支架、衬套、端盖、螺栓、螺母、齿顶圆、花键非定心表面等
3.2～6.3	车、铣、刨、镗、磨、拉、粗刮、铣齿等	半精加工表面,如箱体、支架、套筒、非传动用梯形螺纹等及与其他零件结合而无配合要求的表面
1.6～—3.2	车、铣、刨、镗、磨、拉、刮等	接近精加工表面,如箱体上安装轴承的孔和定位销的压入孔表面及齿轮齿条、传动螺纹、键槽、皮带轮槽的工作面、花键结合面等
0.8～1.6	车、镗、磨、拉、刮、精绞、磨齿、滚压等	要求有定心及配合的表面,如圆柱销、圆锥销的表面、卧式车床导轨面、与P0,P6级滚动轴承配合的表面等
0.4～0.8	精绞、精镗、磨、刮、滚压等	要求配合性质稳定的配合表面及活动支承面,如高精度车床导轨面、高精度活动球状接头表面等
0.2～—0.4	精磨、珩磨、研磨、超精加工等	精密机床主轴锥孔、顶尖圆锥面、发动机曲轴和凸轮轴工作表面、高精度齿轮齿面、与P5级滚动轴承配合面等
0.1～—0.2	精磨、研磨、普通抛光等	精密机床主轴轴颈表面、一般量规工作表面、汽缸内表面、阀的工作表面、活塞销表面等
0.025～—0.1	超精磨、精抛光、镜面磨削等	精密机床主轴轴颈表面、滚动轴承套圈滚道、滚珠及滚柱表面、工作量规的测量表面,高压液压泵中的柱塞表面等
0.012～0.025	镜面磨削等	仪器的测量面、高精度量仪等
≤0.012	镜面磨削、超精研等	量块的工作面、光学仪器中的金属镜面等

图5-1所示为图4-1中一级直齿圆柱齿轮减速器的输出轴,已知传递的功率$P=5\,kW$,转速$n_1=960\,r/min$,稍有冲击,根据使用功能,对该减速器的输出轴表面粗糙度进行选择和图样标注。

根据使用功能,采用类比法,参考表5-6、表5-7。分别选择$\varphi\,45r6$,$\varphi\,56r6$圆柱面的表面粗糙度Ra值,不允许大于$1.6\,\mu m$;$\varphi\,55k6$圆柱面的表面粗糙度Ra值,不允许大于$0.8\,\mu m$;$\varphi\,62$的左、右两端面及两键槽侧面的表面粗糙度Ra值,不允许大于$3.2\,\mu m$;其余表面的粗糙度Ra值,不允许大于$6.3\,\mu m$。

表面粗糙度和图样标注如图5-17所示,采用表面粗糙度比较样块进行检测。

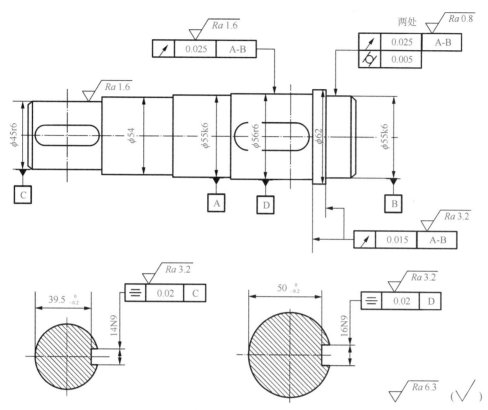

图 5-17　减速器的输出轴表面粗糙度

 习　题

5-1　表面粗糙度对零件的使用性能有哪些主要影响?

5-2　表面粗糙度的常用测量方法有哪些? 它们主要测量哪些参数?

5-3　表面粗糙度的代(符)号有哪些? 它们表示的意义是什么?

5-4　评定表面粗糙度时,为什么要规定取样长度? 有了取样长度,为何还要规定评定长度?

5-5　试述表面粗糙度评定参数 Ra,Rz,RSm,$Rmr(c)$ 的含义。

【 公 差 配 合 与 测 量 技 术 】

典型零件的公差与配合

项目内容

◇ 典型零件的公差配合。

学习目标

◇ 掌握滚动轴承的精度等级及其应用、滚动轴承内径和外径的公差带及特点;

◇ 掌握滚动轴承与轴和外壳孔的配合及选用、轴颈和外壳孔的公差等级和公差带的选择;

◇ 了解渐开线圆柱齿轮传动的公差与检测;

◇ 培养严谨的设计计算以及检测态度、质量意识、责任意识。

能力目标

◇ 学会根据机器和零件的功能要求,选用滚动轴承配合;

◇ 了解渐开线圆柱齿轮传动的公差精度等级、检测方法及工程应用。

知识点与技能点

◇ 滚动轴承的精度等级及其应用,滚动轴承内径和外径的公差带及特点、与轴和外壳孔的配合及选用、轴颈和外壳孔的公差等级和公差带的选择;

◇ 渐开线圆柱齿轮传动的加工误差及评定参数、公差精度等级及检测方法。

任务 1 引入

如图 6-1 所示的一级直齿圆柱齿轮减速器,根据工况条件选择输出轴上 $\phi55$ 轴颈与滚动轴承内径、箱体孔 $\phi100$(外壳孔)与轴承外径的配合;选择几何公差值和表面粗糙度值,并标注在图样上。

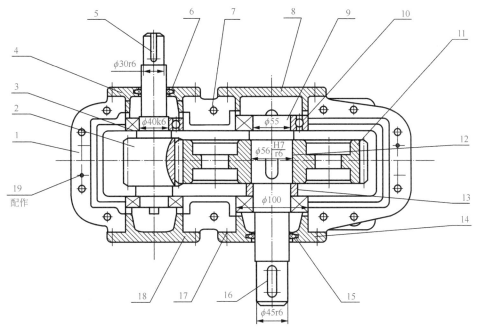

1—箱座　2—输入轴　3、10—轴承　4、8、14、18—轴承端盖　5、12、16—键　6、15—密封圈
7—螺栓　9—输出轴　11—齿轮　13—轴套　17—垫片　19—定位销

图 6-1　一级直齿圆柱齿轮减速器示意图

相 关 知 识

6.1　滚动轴承的公差与配合

滚动轴承是由专业生产的一种标准部件，在机器中起支承作用，并以滚动代替滑动，以减小运动副的摩擦及其磨损，滚动轴承由内圈、外圈、滚动体和保持架组成。其内圈内径 d 与轴颈配合，外圈外径 D 与外壳孔配合，如图 6-2 所示。滚动轴承按可承受负荷的方向，分为向心轴承、向心推力轴承和推力轴承等；按滚动体的形状，分为球轴承、滚子轴承、滚针轴承等。通常，滚动轴承工作时，内圈与轴径一起旋转，外圈在外壳孔中固定不动，即内圈和外圈以一定的速度作相对转

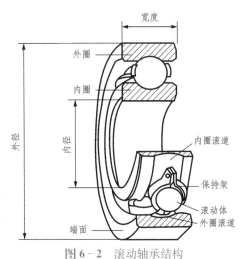

图 6-2　滚动轴承结构

动。滚动轴承的工作性能和使用寿命主要取决于轴承本身的制造精度,同时还与滚动轴承相配合的轴颈和外壳孔的尺寸公差、几何公差和表面粗糙度以及安装正确与否等因素有关,有关的详细内容在国家标准 GB/T275-1993 中均作了规定。

6.1.1 滚动轴承的精度等级及其应用

滚动轴承的公差等级由轴承的尺寸公差和旋转精度决定。根据国标 GB/T307.2-2005 规定,向心轴承的公差等级,由低到高依次分为 0,6,5,4 和 2 五个等级(相当于 GB307.3-1984 中的 G,E,D,C,B 级),圆锥滚子轴承的公差等级分为 0,6x,5,4,2 五级,推力轴承的公差等级分为 0,6,5 和 4 四级。

0 级轴承在机械制造业中应用最广,通常称为普通级,在轴承代号标注时不予注出。它用于旋转精度、运动平稳性等要求不高,中等负荷、中等转速的一般机构中,如普通机床的变速机构和进给机构、汽车和拖拉机的变速机构等。

6,6x 级轴承应用于旋转精度和运动平稳性要求较高或转速要求较高的旋转机构中,如普通机床主轴的后轴承和比较精密的仪器、仪表等的旋转机构中的轴承。

5,4 级轴承应用于旋转精度和转速要求高的旋转机构中,如高精度的车床和磨床、精密丝杠车床和滚齿机等的主轴轴承。

2 级轴承应用于旋转精度和转速要求特别高的精密机械的旋转机构中,如精密坐标镗床和高精度齿轮磨床和数控机床的主轴等轴承。

6.1.2 滚动轴承内、外径的公差带及特点

由于滚动轴承是标准部件,所以滚动轴承内圈与轴颈的配合采用基孔制,滚动轴承外圈与外壳孔的配合采用基轴制。

通常情况下,滚动轴承的内圈是随轴一起旋转的,为防止内圈和轴颈的配合面之间相对滑动而导致磨损,影响轴承的工作性能和使用寿命,因此要求滚动轴承的内圈和轴颈配合具有一定的过盈。同时,考虑到内圈是薄壁件,其过盈量又不能太大。如果作为基准孔的轴承内圈内径仍采用基本偏差代号 H 的公差带布置,轴颈公差带从 GB/T1801-2009 中的优先、常用和一般公差带中选取,则这样的过渡配合的过盈量太小,而过盈配合的过盈量又太大,不能满足轴承工作的需要。轴颈一般又不能采用非标准的公差带。所以,国家标准规定:滚动轴承内径为基准孔公差带,但其位置由原来的位于零线的上方而改为位于以公称内径 d 为零线的下方,即上偏差为零、下偏差为负值,如图 6-3 所示。当它与 GB/T1801-

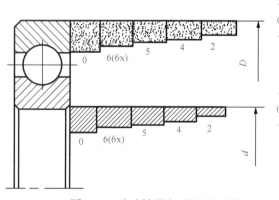

图 6-3 滚动轴承内、外径公差带

2009 中的过渡配合的轴相配合时,能保证获得一定大小的过盈量,从而满足轴承的内孔与轴颈的配合要求。

　　通常,滚动轴承的外圈安装在外壳孔中不旋转,标准规定轴承外圈外径的公差带分布于以其公称直径 D 为零线的下方,即上偏差为零、下偏差为负值,如图 6 - 3 所示。它与 GB/T1801 - 2009 标准中基本偏差代号为 h 的公差带相类似,只是公差值不同。

6.1.3　滚动轴承与轴和外壳孔的配合及选用

1. 轴颈和外壳孔的公差带

　　当选定了滚动轴承的种类和精度后,轴承内圈和轴颈、外圈和外壳孔的配合面间需要的配合性质,只是由轴颈和外壳孔的公差带决定。也就是说,轴承配合的选择就是确定轴颈和外壳孔的公差带的过程。国家标准《滚动轴承与轴和外壳孔的配合》对与 0 级和 6(6x)级轴承配合的轴颈规定了 17 种公差带,外壳孔规定了 16 种公差带,如图 6 - 4 所示,它们分别选自 GB/T1800.1 - 2009 中的轴、孔公差带。

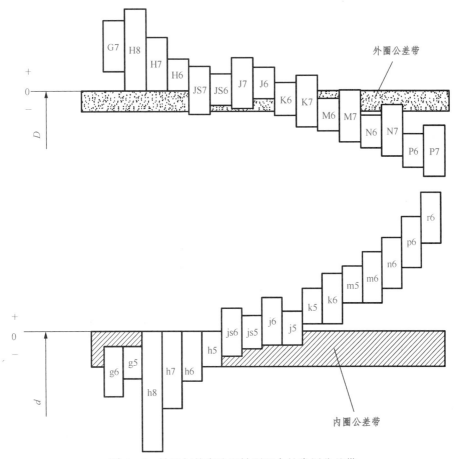

图 6 - 4　轴承与外壳孔和轴颈配合的常用公差带

2. 滚动轴承与轴径、外壳孔的配合的选择

正确地选择滚动轴承配合,是保证滚动轴承的正常运转、延长其使用寿命的关键。滚动轴承配合选择的主要依据通常是根据滚动轴承的种类、尺寸大小,以及滚动轴承套圈承受负荷的类型、大小及轴承的游隙等因素。

(1) 轴承承受负荷的类型 作用在轴承套圈上的径向负荷一般是由定向负荷和旋转负荷合成的。根据轴承套圈所承受负荷的具体情况,可分为以下 3 类。

1) 固定负荷:轴承运转时,作用在轴承套圈上的合成径向负荷相对静止,即合成径向负荷始终不变地作用在套圈滚道的某一局部区域上,则该套圈承受着固定负荷。如图 6-5(a)中的外圈和图 6-5(b)中的内圈,它们均受到一个定向的径向负荷 $\vec{F_r}$ 作用。其特点是只有套圈的局部滚道受到负荷的作用。

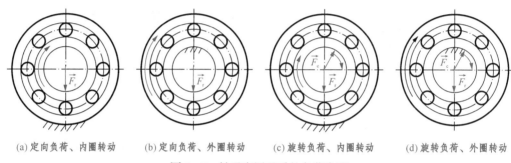

(a) 定向负荷、内圈转动　(b) 定向负荷、外圈转动　(c) 旋转负荷、内圈转动　(d) 旋转负荷、外圈转动

图 6-5　轴承套圈承受的负荷类型

2) 旋转负载:轴承运转时,作用在轴承套圈上的合成径向负荷与套圈相对旋转,顺次作用在套圈的整个轨道上,则该套圈承受旋转负荷。如图 6-5(a)中的内圈和图 6-5(b)中的外圈,都承受旋转负荷。其特点是套圈的整个圆周滚道顺次受到负荷的作用。

3) 摆动负荷:轴承运转时,作用在轴承上的合成径向负荷在套圈滚道的一定区域内相对

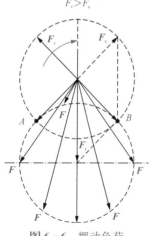

图 6-6　摆动负荷

摆动,则该套圈承受摆动负荷。如图 6-5(c, d)所示,轴承套圈同时受到定向负荷 F_r 和旋转负荷 F_c 的作用,两者的合成负荷将由小到大,再由大到小地周期性变化。如图 6-6 所示,当 $F_r > F_c$ 时,合成负荷在轴承 AB 下方区域内摆动,不旋转的套圈承受摆动负荷,旋转的套圈承受旋转负荷。

一般情况下,受固定负荷的套圈配合应选松一些,通常应选用过渡配合或具有极小间隙的间隙配合。受旋转负荷的套圈配合应选较紧的配合,通常应选用过盈量较小的过盈配合或有一定过盈量的过渡配合。受摆动负荷的套圈配合的松紧程度应介于前两种负荷的配合之间。

(2) 轴承负荷的大小 由于轴承套圈是薄壁件,在负荷作用下,套圈很容易产生变形,导致配合面间接触、受力都不均匀,容

易引起松动。因此,当承受冲击负荷或重负荷时,一般应选择比正常、轻负荷时更紧密的配合。国标规定:向心轴承负荷的大小可用当量动载荷(一般指径向载荷)P_r 与额定动载荷 C_r 的比值区分,$P_r \leqslant 0.07C_r$ 时,为轻负荷;$0.07C_r < P_r \leqslant 0.15C_r$ 时,为正常负荷;$P_r > 0.15C_r$ 时,为重负荷。负荷越大,配合过盈量应越大。其中,当量动载荷 P_r 与额定动载荷 C_r 分别由计算公式求出和由轴承型号查阅相关公差表格确定。

(3)轴颈和外壳孔的尺寸公差等级　轴颈和外壳孔的尺寸公差等级应与轴承的精度等级相协调。对于要求有较高的旋转精度的场合,要选择较高公差等级的轴承(如 5 级、4 级轴承),而与滚动轴承配合的轴颈和外壳孔也要选择较高的公差等级(一般轴颈可取 IT5,外壳孔可取 IT6),以使两者协调。与 0 级、6 级配合的轴颈一般为 IT6,外壳孔一般为 IT7。

(4)轴承尺寸大小　考虑到变形大小与公称尺寸有关,因此,随着轴承尺寸的增大,选择的过盈配合的过盈量越大,间隙配合的间隙量越大。

(5)轴承游隙　滚动体与内、外圈之间的游隙分为径向游隙 δ_1 和轴向游隙 δ_2,如图 6-7 所示。游隙过大,会引起转轴较大的径向跳动和轴向窜动,产生较大的振动和噪声;而游隙过小,尤其是轴承与轴颈或外壳孔采用过盈配合时,则会使轴承滚动体与套圈产生较大的接触应力,引起轴承的摩擦发热,以致降低寿命。因此,轴承游隙的大小应适度。

(6)工作温度　轴承工作时,由于摩擦发热和其他热源的影响,使轴承套圈的温度经常高于与其相配合轴颈和外壳孔的温度。因此,轴承内圈会因热膨胀与轴颈的配合变松,而轴承外圈则因热膨胀与外壳孔的配合变紧,从而影响轴承的轴向游动。当轴承工作温度高于 100℃ 时,选择轴承的配合时必须考虑温度的影响。

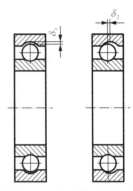

图 6-7　滚动轴承的游隙

(7)旋转精度和旋转速度　对于承受较大负荷且旋转精度要求较高的轴承,为了消除弹性变形和振动的影响,应避免采用间隙配合,但也不宜太紧。轴承的旋转速度越高,应选用越紧的配合。

除上述因素外,轴颈和外壳孔的结构、材料以及安装与拆卸等对轴承的运转也有影响,应当全面分析考虑。

3. 轴颈和外壳孔的公差等级和公差带的选择

轴承的精度决定与之相配合的轴、外壳孔的公差等级。与向心轴承配合的轴公差带代号,按表 6-1 选择;与向心轴承配合的孔公差带代号,按表 6-2 选择;与推力轴承配合的轴公差带代号,按表 6-3 选择;与推力轴承配合的外壳孔公差带代号,按表 6-4 选择。

表 6-1　与向心轴承配合的轴公差带代号

圆柱孔轴承					
运转状态		负荷状态	深沟球轴承、调心球轴承和角接触球轴承	圆柱滚子轴承和圆锥滚子轴承	调心滚子轴承	公差带
说明	应用举例		轴承公称内径/mm			
旋转的内圈负荷或摆动负荷	一般通用机械、电动机、机床主轴、泵、内燃机、正齿轮传动装置、铁路机车车辆轴箱、破碎机等	轻负荷	≤18 >18~100 >100~200 —	— ≤40 >40~140 >140~200	— <40 >40~100 >100~200	h5 j6① k6① m6①
		正常负荷	≤18 >18~100 >100~140 >140~200 >200~280 — —	— ≤40 >40~100 >100~140 >140~200 >200~400 —	— <40 >40~65 >65~100 >100~140 >140~280 >280~500	j5, js5 k5② m5② m6② n6 p6 r6
		重负荷	>50~140 >140~200 >200	>50~100 >100~140 >140~200 >200	n6③ p6 r6 r7
固定的内圈负荷	静止轴上的各种轮子,张紧轮、绳轮、振动筛、惯性振动器	所有负荷	所有尺寸			f6① g6 h6 j6
纯轴向负荷			所有尺寸			j6, js6
圆锥孔轴承						
所有负荷	铁路机车车辆轴箱		装在退卸套上的所有尺寸			h8(IT6)④,⑤
	一般机械传动		装在紧定套上的所有尺寸			h9(IT7)④,⑤

注:① 凡对精度有较高要求场合,应用 j5, k5, …代替 j6, k6, …。
　　② 圆锥滚子轴承、角接触球轴承配合对游隙的影响不大,可用 k6, m6 代替 k5, m5。
　　③ 重负荷下轴承游隙应选大于 0 组。
　　④ 凡有较高的精度或转速要求的场合,应选 h7(IT5)代替 h8(IT6)。
　　⑤ IT6, IT7 表示圆柱度公差数值。

表 6－2 与向心轴承配合的外壳孔公差带代号

运转状态		负荷状态	其他情况	公差带[1]	
说明	举例			球轴承	滚子轴承
固定的外圈负荷	一般机械、铁路机车车辆轴承、电动机、泵、曲轴主轴承	轻、正常、重	轴向易移动,可采用剖分式外壳	H7, G7[2]	
		冲击	轴向能移动,采用整体或剖分式外壳	J7, JS7	
摆动负荷		轻、正常			
		正常、重	轴向不移动,采用整体式外壳	K7	
		冲击		M7	
旋转的外圈负荷	张紧滑轮、轮毂轴承	轻		J7	K7
		正常		K7, M7	M7, N7
		重		—	N7, P7

注:① 并列公差带随尺寸的增大从左到右选择,对旋转精度有较高要求时,可相应提高一个公差等级。
　② 不适用于剖分式外壳。

表 6－3 与推力轴承配合的轴公差带代号

运转状态	负荷状态	推力球轴承和推力滚子轴承	推力调心滚子轴承	公差带
		轴承公称内径/mm		
纯轴向负荷		所 有 尺 寸		j6, js6
固定的轴圈负荷	径向和轴向联合负荷	—	≤250	j6
		—	>250	js6
旋转的轴圈负荷或摆动负荷		—	≤250	k6
		—	>200～400	m6
		—	>400	n6

表 6－4 与推力轴承配合的外壳孔公差带代号

运转状态	负荷状态	轴承类型	公差带	备　注
纯轴向负荷		推力球轴承	H8	
		推力圆柱、圆锥滚子轴承	H7	
		推力调心滚子轴承		外壳孔与座圈间间隙为 0.001D（D 为轴承的公称外径）
固定的座圈负荷	径向和轴向联合负荷	推力角接触球轴承、推力圆锥滚子轴承、推力调心滚子轴承	H7	
			K7	普通使用条件
旋转的座圈负荷或摆动负荷			M7	有较大径向负荷时

4. 配合表面及端面的几何公差和表面粗糙度

正确选择轴承与轴颈和外壳孔的公差等级及其配合的同时,对轴颈及外壳孔的几何公差及表面粗糙度也要提出要求,才能保证轴承的正常运转。

（1）配合表面及端面的几何公差　国标规定了与轴承配合的轴颈和外壳孔表面的圆柱度公差、轴肩及外壳体孔端面的轴向圆跳动公差,其几何公差值见表6-5。

表6-5　轴和外壳孔的几何公差值

公称尺寸/mm		圆柱度 t				轴向圆跳动 t_1			
		轴颈		外壳孔		轴肩		外壳孔肩	
		轴承公差等级							
		0	6(6x)	0	6(6x)	0	6(6x)	0	6(6x)
超过	到	公差值/μm							
	6	2.5	1.5	4	2.5	5	3	8	5
6	10	2.5	1.5	4	2.5	6	4	10	6
10	18	3.0	2.0	5	3.0	8	5	12	8
18	30	4.0	2.5	6	4.0	10	6	15	10
30	50	4.0	2.5	7	4.0	12	8	20	12
50	80	5.0	3.0	8	5.0	15	10	25	15
80	120	6.0	4.0	10	6.0	15	10	25	15
120	180	8.0	5.0	12	8.0	20	12	30	20
180	250	10.0	7.0	14	10.0	20	12	30	20
250	315	12.0	8.0	116	12.0	25	15	40	25
315	400	13.0	9.0	18	13.0	25	15	40	25
400	500	15.0	10.0	20	15.0	25	15	40	25

（2）配合表面及端面的粗糙度要求　表面粗糙度的大小不仅影响配合的性质,还会影响联结强度。因此,凡是与轴承内、外圈配合的表面通常都对粗糙度提出了较高的要求,按表6-6选择。

表6-6　配合面的表面粗糙度

轴或外壳孔直径/mm		轴或外壳孔配合表面直径公差等级								
		IT7			IT6			IT5		
		表面粗糙度参数 Ra 及 Rz 值/μm								
大于	到	Rz	Ra		Rz	Ra		Rz	Ra	
			磨	车		磨	车		磨	车
	80	10	1.6	3.2	6.3	0.8	1.6	4	0.4	0.8
80	500	16	1.6	3.2	10	1.6	3.2	6.3	0.8	1.6
端面		25	3.2	6.3	25	3.2	6.3	10	1.6	3.2

6.1.4　滚动轴承配合选用实例

图 6-1 所示的减速器,若功率为 5 kW,转速 $n_1 = 960$ r/min,其两端的轴承为 6211 深沟球轴承($d = 55$ mm,$D = 100$ mm),轻负荷。根据工况条件,选择轴颈和箱体孔(外壳孔)的公差带、几何公差值和表面粗糙度值,并标注在图样上。

根据减速器输出轴的使用功能,采用类比法,选用 0 级轴承。参考表 6-1、表 6-2,分别选择:轴颈公差带为 $\phi55k6$,箱体孔公差带为 $\phi100H7$;查表 6-5、表 6-6,分别选择:轴颈圆柱度公差为 0.005 mm,轴肩轴向圆跳动公差为 0.015 mm,箱体孔圆柱度公差 0.01 mm,轴颈 $\phi55k6$ 表面粗糙度 Ra 值不允许大于 0.8 μm,箱体孔 $\phi100H7$ 表面粗糙度 Ra 值不允许大于 1.62 μm,轴肩端面粗糙度 Ra 值不允许大于 3.2 μm。

图样标注如图 6-8 所示(滚动轴承是标准件,装配图上只需注出轴颈和外壳孔的公差带代号)。

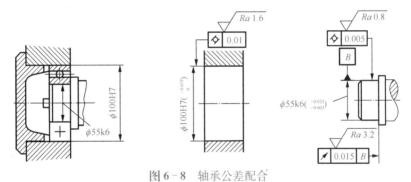

图 6-8　轴承公差配合

任务 2 引入

图 6-9 所示为图 6-1 中的一级直齿圆柱齿轮减速器输出轴齿轮,根据工况条件选择齿轮的精度、几何公差值和表面粗糙度值,并标注在图样上。

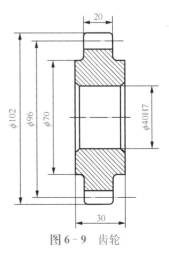

图 6-9　齿轮

相 关 知 识

6.2 渐开线圆柱齿轮传动的公差与检测

6.2.1 圆柱齿轮传动的要求

齿轮传动是一种重要的传动方式,广泛地应用在各种机器和仪表的传动装置中,常用来传递运动和动力。由于机器和仪表的工作性能、使用寿命与齿轮的制造与安装精度密切相关,因此,正确地选择齿轮公差,并进行合理的检测是十分重要的。齿轮传动的用途不同,对齿轮传动的使用要求也不同,归纳起来主要有以下 4 方面。

1. 传递运动的准确性

由于齿轮副的制造误差和安装误差,使从动齿轮的实际转角与理论转角产生偏离,导致实际传动比与理论传动比产生差异。传递运动的准确性就是要求从动齿轮在一转范围内的最大转角误差不超过规定的数值,以使齿轮在一转范围内传动比的变化尽量小,满足传递运动的准确性要求。

2. 传动平稳性

传动平稳性要求齿轮传动的瞬时传动比的变化尽量小,以减小齿轮传动中的冲击、振动和噪声,保证传动平稳性要求。

3. 载荷分布的均匀性

齿轮传动中,如果齿面的实际接触不均匀会引起应力集中,造成局部磨损,缩短齿轮的使用寿命。因此,必须保证啮合齿面沿齿宽和齿高方向的实际接触面积,以满足承载的均匀性要求。

4. 侧隙的合理性

装配好的齿轮副啮合传动时,非工作齿面间应留有一定的间隙,用以储存润滑油,补偿因温度变化和弹性变形引起的尺寸变化,以及齿轮的制造误差、安装误差等影响,防止齿轮传动时出现卡死或烧伤现象。

但是由于齿轮的用途和工作条件不同,对齿轮上述 4 项使用要求的侧重点也会有所不同。例如精密机床、分度齿轮和测量仪器的读数齿轮,主要要求传递运动的准确性,对传动平稳性也有一定的要求;当需要可逆转传动时,应对侧隙加以限制,以减小反转时的空程误差,而对载荷分布均匀性要求不高。又如,汽车、拖拉机和机床的变速齿轮,主要要求传递运动的平稳性,以减小振动和噪声;轧钢机械、起重机械和矿山机械等重型机械中的低速重载齿轮,主要要求载荷分布的均匀性,以保证足够的承载能力;汽轮机和涡轮机中的高速重载齿轮,对运动的准确性、平稳性和承载的均匀性均有较高的要求,同时还应具有较大的间隙,以储存润滑油和补偿受力产生的变形。

6.2.2　圆柱齿轮加工误差及评定参数

1. 齿轮加工误差的主要来源及其特性

产生齿轮加工误差的原因很多,主要来源于加工齿轮的机床、刀具、夹具和齿坯本身的误差及其安装、调整误差。

按误差相对于齿轮的方向特征,齿轮的加工误差可分为切向误差、径向误差和轴向误差;按误差在齿轮一转中出现的次数,可分为长周期误差和短周期误差。

（1）几何偏心　当齿坯孔基准轴线与机床工作台回转轴线不重合时,产生几何偏心。例如,滚齿加工时由于齿坯定位孔与机床心轴之间的间隙等原因,会造成滚齿时的回转中心线可能与齿轮内孔轴心线不重合。由于该偏心的存在,加工完的齿轮齿顶圆到心轴中心的距离不相等,造成齿轮径向误差,引起侧隙和转角的变化,从而影响传动的准确性。

（2）运动偏心　运动偏心是指加工时,齿轮加工机床传动不正确而引起的偏心。例如,滚齿加工时机床分度蜗轮与工作台中心线有安装偏心时,就会使工作台回转不均匀,致使被加工齿轮的轮齿在圆周上分布不均匀,也就是轮齿沿圆周分布发生了错位,引起齿轮切向误差。

几何偏心和运动偏心产生的误差在齿轮一转中只出现一次,属于长周期误差,主要影响齿轮传递运动的准确性。

（3）滚刀误差　滚刀误差包括制造误差与安装误差。滚刀本身的齿距、齿形等有制造误差时,会使滚刀一转中各个刀齿周期性地产生过切或少切现象,造成被切齿轮的齿廓形状变化,引起瞬时传动比的变化。由于滚刀的转速比齿坯的转速高得多,滚刀误差在齿轮一转中重复出现,因此是短周期误差,主要影响齿轮传动的平稳性和载荷分布的均匀性。

（4）机床传动链误差　齿轮加工机床传动链中各个传动元件的制造、安装误差及其磨损等,都会影响齿轮的加工精度。当滚齿机床的分度蜗杆存在安装误差和轴向窜动时,蜗轮转速发生周期性的变化,使被加工齿轮出现齿距偏差和齿廓偏差,产生切向误差。机床分度蜗杆造成的误差在齿轮一转中重复出现,是短周期误差。

2. 单个齿轮的评定参数

根据齿轮各项误差对使用要求的主要影响,将齿轮误差划分为主要影响传递运动准确性的误差、主要影响传动平稳性的误差和主要影响载荷分布均匀性的误差。控制这些误差的公差,相应地分为第Ⅰ、第Ⅱ和第Ⅲ公差组。

（1）影响传递运动准确性的误差（第Ⅰ公差组）及检测　影响传递运动准确性的误差主要是几何偏心和运动偏心造成的长周期误差。主要有以下误差项目。

1）齿轮切向综合偏差 F_i':切向综合偏差 F_i' 指被测齿轮与理想精确的测量齿轮单面啮合时,在被测齿轮一转内,实际转角与理论转角的最大差值,其量值以分度圆弧长计。

F_i' 是齿轮的安装偏心、运动偏心和基节偏差、齿形误差等综合影响的结果。F_i' 的测量用单啮仪进行。

2）齿距累积偏差 F_p 和 k 个齿的齿距累积偏差 F_{pk}：齿距累积偏差 F_p 是指在齿轮分度圆上任意两个同侧齿面之间实际弧长与理论弧长的最大差值的绝对值，F_{pk} 是指 k 个齿距间的实际弧长与理论弧长的最大差值。国标规定 k 的取值范围一般为 $2 \sim z/2$，对特殊应用（高速齿轮）可取更小的 k 值，如图 6-10 所示。齿距累积误差 ΔF_p 是由齿轮安装偏心和运动偏心引起的综合反映。

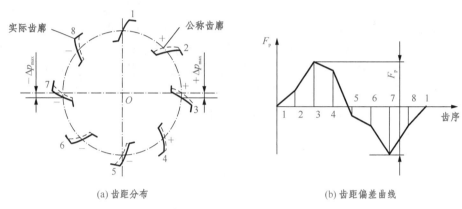

(a) 齿距分布　　　　　　　　　　(b) 齿距偏差曲线

图 6-10　齿距累积总偏差

　　齿距累积总偏差和齿距累积偏差通常在万能测齿仪、齿距仪、光学分度头角度分度仪上测量。测量的方法有绝对法和相对法两种。

　　检测单个齿距精度最常用的装置，一种是只有一个触头的角度分度仪，另一种是有两个触头的齿距比较仪，分别对应于绝对测量法和相对测量法。

图 6-11　角度分度仪
测齿距偏差

　　如图 6-11 所示，用只有一个触头的角度分度仪检测单个齿距偏差。对每个齿面，测量头在预先设定要检测的部位上径向来回移动，就可测得偏离理论位置的位置偏差，相对于所选定的基准齿面，这个测得的数据代表了相关齿面的位置偏差，这样记录的数据曲线应显示出齿轮在圆周上的齿距累积偏差 F_{pk}。第 N 个齿面的位置偏差减去第 $N-1$ 个的，就是每个单个齿距偏差 f_{pt}，负值要表示出来。

　　如图 6-12 所示，用有两个触头的手持式齿距仪检测单个齿距偏差。齿距仪的两个定位脚 4 顶在齿轮顶圆上，两个测头 2 和 3 与齿高中部的齿面接触，测头 2 为固定测头，活动测头 3 是一杠杆，与指示表 7 相连。测量时，将齿距仪与被测齿轮平放在检验平台上，以任一齿距作为基准齿距，并将指示表对零，然后逐个齿距进行测量，就可得到各齿距相对于基准齿距的偏差。各相对齿距偏差与相对齿距偏差平均值之代数差，即为各个齿距偏差 f_{pt}。齿距累积偏差 F_{pk} 是对任何指定数目的端面单个齿距偏差作代数相加。

　　齿距累积总偏差 F_p 的数值等于齿距累积偏差曲线的最高点和最低点之间的距离，如图 6-10(b) 所示。

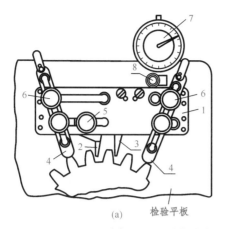
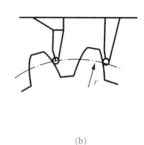

(a)　检验平板　　　　　　　　　　　　　(b)

图 6-12　手持式齿距仪测齿距偏差

3）齿圈径向跳动 F_r：F_r 是指在齿轮一转范围内,测头在齿槽内位于齿高中部和齿面双面接触,测头相对于齿轮轴线的最大和最小径向距离之差。

径向跳动可用齿圈径向跳动测量仪测量,测头做成球形或圆锥形插入齿槽中,也可做成 V 形测头卡在轮齿上,与齿高中部双面接触,被测齿轮一转所测得的相对于轴线径向距离的总变动幅度值,即是齿轮的径向跳动,如图 6-13 所示,偏心量是径向跳动的一部分。

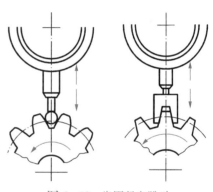

径向跳动 F_r 是影响传递运动准确性中属于径向性质的单项性指标。采用这一指标必须与能揭示切向误差的单项性指标组合,才能评定传递运动准确性。

图 6-13　齿圈径向跳动

齿圈的径向跳动主要反映几何偏心引起的轮齿沿径向分布不均匀性,该指标仅反映出齿轮的径向误差,是齿轮径向长周期误差,主要影响齿轮传动的准确性。

4）径向综合总偏差 F_i''：F_i'' 是指被测齿轮与理想精确的测量齿轮双面啮合时,在被测齿轮一转范围内双啮中心距的最大变动量,如图 6-14 所示。

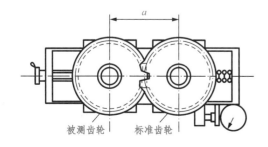
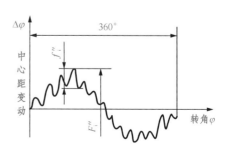

图 6-14　径向综合总偏差

径向综合总误差 F_i'' 主要反映几何偏心造成的径向长周期误差和齿廓偏差、基节偏差等短周期误差。

5）公法线长度变动 F_W：F_W 是在齿轮一周范围内,实际公法线长度最大值与最小值之差,即 $F_W = W_{max} - W_{min}$,如图 6-15 所示。F_W 是由机床分度蜗轮偏心,使齿坯转速不均匀,引起齿面左、右切削不均所造成的齿轮切向长周期误差。即用 F_W 揭示运动偏心。

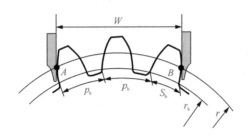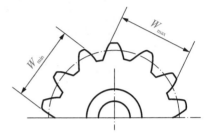

图 6-15　公法线长度变动

根据以上分析可知,评定传递运动的准确性需检验齿轮径向和切向两方面的误差。由齿轮传动的用途、生产及检验条件,在第Ⅰ公差组中可任选下列方案之一评定齿轮精度：

① 切向综合偏差 F_i'；

② 齿距累积偏差 F_p；

③ 径向综合总偏差 F_i'' 与公法线长度变动 F_W；

④ 齿圈径向跳动 F_r 与公法线长度变动 F_W；

⑤ 齿圈径向跳动 F_r（用于 10～12 级精度齿轮）。

第Ⅰ公差组检验结果,只能评定齿轮的本组精度是否合格。而断定整个齿轮的合格性,还需检验第Ⅱ、Ⅲ公差组指标的情况。

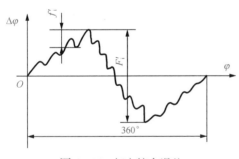

图 6-16　切向综合误差

（2）影响传动平稳性的误差（第Ⅱ公差组）及检测　影响传递运动平稳性的误差主要是由刀具误差和机床传动链误差造成的短周期误差,主要有以下指标项目。

1）一齿切向综合偏差 f_i'：f_i' 是指被测齿轮与理想精确的测量齿轮作单面啮合时,在被测齿轮转过一个齿距角内的切向综合偏差,以分度圆弧长计值,如图 6-16 所示。

一齿切向综合偏差 f_i' 主要反映滚刀和机床分度传动链的制造及安装误差所引起的齿廓偏差、齿距误差,是切向短周期误差和径向短周期误差的综合结果,是评定运动平稳性较为完善的指标。

2）一齿径向综合偏差 f_i''：f_i'' 是指被测齿轮与理想精确的测量齿轮作双面啮合时,在被测齿轮转过一个齿距角内,双啮中心距的最大变动量。

一齿径向综合偏差 f_i'' 主要反映了短周期径向误差（基节偏差和齿廓偏差）的综合结果。

但由于这种测量方法受左、右齿面误差的共同影响,评定传动平稳性不如一齿切向综合偏差 f_i' 精确。

在齿轮双啮仪上,可以测得径向综合偏差 F_i'' 和一齿径向综合偏差 f_i''。

如图 6-17 所示,被测齿轮装在固定滑座上,标准齿轮装在浮动滑座上,由弹簧顶紧,使两齿轮紧密双面啮合。在啮合转动时,由于被测齿轮的径向周期误差推动标准齿轮及浮动滑座,使中心距变动,由指示表读出中心距变动量或通过传动带划针和记录纸画出误差曲线。被测齿轮径向综合总偏差 F_i'' 等于被测齿轮旋转一整周中最大的中心距变动量,它可从记录下来的曲线图上确定。一齿径向综合偏差 f_i'' 等于齿轮转过一个齿距角时,其中心距的变动量。

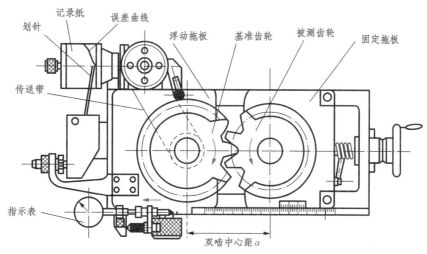

图 6-17 双啮仪原理图

3) 齿廓总偏差 F_α:齿廓总偏差 F_α 是指在计值范围 L_α 内,包容实际齿廓迹线的两条设计齿廓迹线间的距离。

4) 齿廓形状偏差 $f_{f\alpha}$:廓形状偏差 $f_{f\alpha}$ 是指在计值范围内,包容实际齿廓迹线的两条与平均齿廓迹线完全相同的曲线间的距离,且两条曲线与平均齿廓迹线的距离为常数。

5) 齿廓倾斜偏差 $f_{H\alpha}$:齿廓倾斜偏差 $f_{H\alpha}$ 是指在计值范围内的两端与平均齿廓迹线相交的两条设计齿廓迹线间的距离。

齿形偏差影响了齿轮的正确啮合,使瞬时速比发生变化,影响传动平稳性。

齿形误差主要是由刀具的齿形误差、安装误差以及机床分度运动的传动链误差造成的。

6) 单个齿距偏差 f_{pt}:单个齿距偏差 f_{pt} 是指在分度圆柱面上,实际齿距与公称齿距之差,如图 6-18 所示。公称齿距是指所有实际齿距的平均值。

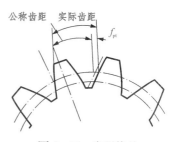

图 6-18 齿距偏差

滚齿加工时,齿距偏差 f_{pt} 主要是由分度蜗杆跳动及轴向窜动,即机床传动链误差造成。所以 f_{pt} 可以用来揭示传动链的短周期误差或加工中的分度误差。

测量方法及使用仪器与齿距累积偏差 F_p 测量相同。

(3) 影响载荷分布均匀性的误差(第Ⅲ公差组)及检测　如图 6-19 所示:

1) 螺旋线总偏差 F_β:螺旋线总偏差 F_β 是在端面基圆切线方向测得的实际螺旋线与设计螺旋线的偏差,其值等于在计值范围内,包容实际螺旋线迹线间的距离。

2) 螺旋线形状偏差 $f_{f\beta}$:对于非修形的螺旋线来说,螺旋线形状偏差 $f_{f\beta}$ 是在计值范围内,包容实际螺旋线迹线的两条与平均螺旋线迹线平行的直线间的距离。

3) 螺旋线倾斜状偏差 $f_{H\beta}$:螺旋线倾斜状偏差 $f_{H\beta}$ 是指在计值范围的两端与均螺旋线迹线相交的两条设计螺旋线迹线间的距离。

螺旋线偏差主要是由于机床导轨倾斜和齿坯装歪所引起的,它使轮齿的实际接触面积减小,影响了载荷分布均匀性。

对于直齿圆柱齿轮,螺旋角 β 等于零,此时,F_β 称为齿向偏差。

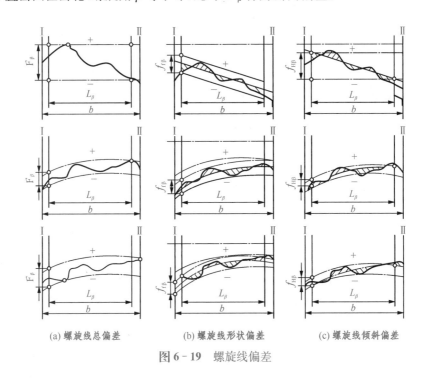

|(a) 螺旋线总偏差|(b) 螺旋线形状偏差|(c) 螺旋线倾斜偏差|

图 6-19　螺旋线偏差

3. 齿轮副的误差项目及评定指标

(1) 齿轮副的中心距偏差 f_a　是指在齿轮副的齿宽中间平面内,实际中心距 a' 与公称中心距 a 之差,如图 6-20 所示。它影响齿轮副的侧隙,是齿轮副的安装误差。

(2) 轴线的平行度偏差　分为轴线平面内的平行度偏差 $f_{\Sigma\beta}$ 和垂直平面内的平行度偏差 $f_{\Sigma\delta}$,$f_{\Sigma\delta}$ 是在两轴线的公共平面内测量的,$f_{\Sigma\beta}$ 是在与两轴线垂直的平面内测量的。

轴线的平行度偏差影响齿轮的接触精度。齿轮副两条轴线中任何一条轴线都可作为基准轴线来测量另一条轴线的平行度误差。

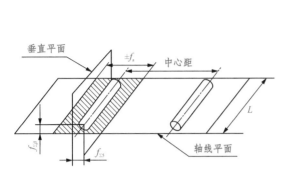

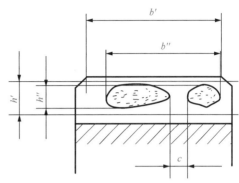

图 6-20 中心距及齿轮副轴线的平行度偏差　　　　图 6-21 齿轮副的接触斑点

（3）齿轮副接触斑点　是指装配好的齿轮副,在轻微地制动下,运转后齿面上分布的接触擦亮痕迹,如图 6-21 所示。

接触痕迹的大小在齿面展开图上用百分数计算:沿齿长方向为接触痕迹的长度 b''(扣除超过模数值的断开部分 c)与工作长度 b' 之比百分数,即 $\dfrac{b''-c}{b'}\times100\%$;沿齿高方向为接触痕迹的平均高度 h'' 与工作高度 h' 之比的百分数,即 $h''/h'\times100\%$。接触斑点的分布位置应接近齿面中部,齿顶和两端部棱边处不允许接触。

此项误差主要反映载荷分布均匀性,检验时可使用滚动检验机。它综合反映了齿轮加工误差和安装误差对载荷分布的影响。因此若接触斑点的分布位置和大小确有保证时,则此齿轮副中单个齿轮的第Ⅲ公差组项目可不予检验。

（4）齿轮副侧隙　齿轮副侧隙分圆周侧隙 j_{wt} 和法向侧隙 j_{bn}。如图 6-22(a)所示,齿

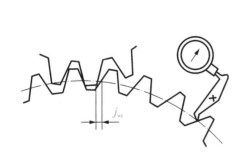

(a) 圆周侧隙

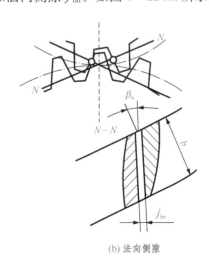

(b) 法向侧隙

图 6-22 齿轮副的侧隙

轮副圆周侧隙 j_{wt} 是指装配好的齿轮副中一个齿轮固定时,另一个齿轮的圆周晃动量,以分度圆弧长计。如图 6-22(b)所示,齿轮副法向侧隙 j_{bn} 是指装配好的齿轮副中两齿轮的工作齿面接触时,非工作齿面之间的最小距离。

测量圆周和法向侧隙是等效的,齿轮副法向侧隙 j_{bn} 可用塞尺或压铅丝后测量其厚度值。

在规定中心距极限偏差的情况下,要保证侧隙要求,必须控制单个齿轮的齿厚,可选用以下两项指标:

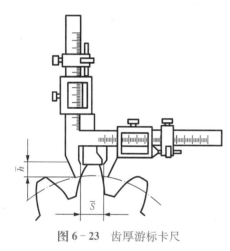

图 6-23 齿厚游标卡尺

1)齿厚偏差 E_{sn}:E_{sn} 是指在分度圆柱面上,齿厚的实际值与公称值之差。按定义,齿厚是以分度圆弧长计值,而实际测量时则以弦长计值。为此要计算与之对应的公称弦齿厚。

齿厚偏差的测量通常以分度圆弦齿厚来代替。齿厚偏差可用齿厚游标卡尺(见图 6-23)或齿厚光学卡尺来测量。两种齿厚卡尺均以齿顶圆为测量基准来进行测量。测量时,首先将齿厚卡尺的高度游标卡尺调至相应于分度圆弦齿高 $\bar{h}$ 位置,然后用宽度游标卡尺测出分度圆弦齿厚 $\bar{S}$ 值,将其与理论值相减即可得到齿厚偏差 E_{sn}。

对于标准圆柱齿轮,分度圆高度 $\bar{h}$ 及分度圆弦齿厚的公称值 $\bar{S}$ 用下式计算,即

$$\bar{h}=m\left[1+\frac{z}{2}\left(1-\cos\frac{90°}{z}\right)\right],\quad \bar{S}=mz\sin\frac{90°}{z}。$$

式中,m 为齿轮模数;z 为齿数。

由于测量齿厚需要有经验的操作者进行,而且由于齿顶圆柱面的精确度和同心度的不确定性,以及测量标尺分辨率很差,使测量不甚可靠。因此,可能的话,应采用更可靠的公法线长度测量法来代替此法。

2)公法线平均长度偏差 E_{bn}:E_{bn} 是指在齿轮一周内,公法线长度的平均值与公称值之差。E_{bn} 不同于公法线长度变动量 F_w,它是反映齿厚减薄量的另一种方式。

公法线长度 W_k 是指跨 k 个齿的异侧齿形平行切线间的距离或在基圆切线上所截取的长度,可用公法线千分尺或公法线指示卡规来测量。

如图 6-24 所示,将公法线千分尺的两个互相平行的测头按事先算好的跨齿数插入相应的齿间,并与两异侧齿面相接触,即可从千分尺上读出公法线长度值。测量直齿轮公法线长度时的跨齿数 k 可按下式计算(取相

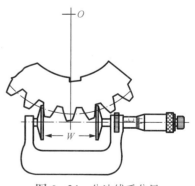

图 6-24 公法线千分尺

近的整数），即

$$k = \frac{z}{9} + 0.5。$$

齿形角为 20°的非变位直齿轮公法线长度为

$$W_k = m[2.952\,1 \times (k - 0.5) + 0.014z];$$

齿形角为 20°的变位直齿轮公法线长度为

$$W_{k变} = W_k + 0.684xm,$$

式中，x 为变位系数。

6.2.3　渐开线圆柱齿轮精度标准及其应用

我国现行的渐开线圆柱齿轮标准主要有 GB/T10095.1 - 2008 和 GB/T10095.2 - 2008，适用于平行轴传动的渐开线圆柱齿轮及其齿轮副（即包括内、外啮合的直齿轮和斜齿轮及人字齿轮）等。

1. 精度等级

国标对渐开线圆柱齿轮除 F_i'' 和 f_i'（F_i'' 和 f_i' 规定了 4～12 共 9 个精度等级）以外的评定项目规定了 0，1，2，3，…，12 共 13 个精度等级，其中，0 级精度最高，12 级精度最低。在齿轮的 13 个精度等级中，0～2 级是目前加工方法和检测条件难以达到的，属于未来发展级；其他精度等级可以粗略地分为：3～5 级为高精度级；6～8 级为中等精度级，使用最广；9～12 级为低精度级。

由于齿轮误差项目多，对应的限制齿轮误差的公差项目也很多，本教材只将常用的几项公差项目列于书中，见表 6 - 7～表 6 - 10。

表 6 - 7　单个齿距极限偏差 $\pm f_{pt}$、齿距累积总偏差 F_p、齿廓总偏差 F_a

（摘自 GB/T10095.1 - 2008）　　　　　　　　　　　　　　　　　　（单位：μm）

分度圆直径 d/mm	法向模数 m_n/mm	单个齿距极限偏差 $\pm f_{pt}$					齿距累积总偏差 F_p					齿廓总偏差 F_a				
		精度等级					精度等级					精度等级				
		5	6	7	8	9	5	6	7	8	9	5	6	7	8	9
≥5～20	≥0.5～2	4.7	6.5	9.5	13	19	11	16	23	32	45	4.6	6.5	9.0	13	18
	>2～3.5	5.0	7.5	10	15	21	12	17	23	33	47	6.5	9.5	13	19	26
>20～50	≥0.5～2	5.0	7.0	10	14	20	14	20	29	41	57	5.0	7.5	10	15	21
	>2～3.5	5.5	7.5	11	15	22	15	21	30	42	59	7.0	10	14	20	29
	>3.5～6	6.0	8.5	12	17	24	15	22	31	44	62	9.0	12	18	25	35
>50～125	≥0.5～2	5.5	7.5	11	18	26	18	26	37	52	74	6.0	8.5	12	17	23
	>2～3.5	6.0	8.5	12	17	23	19	27	38	53	76	8.0	11	16	22	31
	>3.5～6	6.5	9.0	13	18	26	19	28	39	55	78	9.5	13	19	27	38

分度圆直径 d/mm	法向模数 m_n/mm	单个齿距极限偏差 ±f_{pt} 精度等级					齿距累积总偏差 F_p 精度等级					齿廓总偏差 F_a 精度等级				
		5	6	7	8	9	5	6	7	8	9	5	6	7	8	9
>125~280	≥0.5~2	6.0	8.5	12	17	24	24	35	40	69	98	7.0	10	14	20	28
	>2~3.5	6.5	9.0	13	18	26	25	35	50	70	100	9.0	13	18	25	36
	>3.5~6	7.0	10	14	20	28	25	36	51	72	102	11	15	21	30	42
>280~560	≥0.5~2	6.5	9.5	13	19	27	32	46	64	91	129	8.5	12	17	23	33
	>2~3.5	7.0	10	14	20	29	33	46	65	92	131	10	15	21	29	41
	>3.5~6	8.0	11	16	22	31	33	47	66	94	133	12	17	24	34	48

表 6-8　一齿切向综合偏差 f_i'、径向跳动公差 F_r

（摘自 GB/T10095.2 - 2008）　　　　　　　　　　　　　（单位：μm）

分度圆直径 d/mm	法向模数 m_n/mm	一齿切向综合偏差 f_i'/K 精度等级					径向跳动公差 F_r 精度等级				
		5	6	7	8	9	5	6	7	8	9
≥5~20	≥0.5~2	14	19	27	38	54	9.0	13	18	25	36
	>2~3.5	16	23	32	45	64	9.5	13	19	27	38
>20~50	≥0.5~2	14	20	29	41	58	11	16	23	32	46
	>2~3.5	17	24	34	48	68	12	17	24	34	47
	>3.5~6	19	27	38	54	77	12	17	25	35	49
>50~125	≥0.5~2	16	22	31	44	62	15	21	29	42	52
	>2~3.5	18	25	36	51	72	15	21	30	43	61
	>3.5~6	20	29	40	57	81	16	22	31	44	62
>125~280	≥0.5~2	17	24	34	49	69	20	28	39	55	78
	>2~3.5	20	28	39	56	79	20	28	40	56	80
	>3.5~6	22	31	44	62	88	20	29	41	58	82
>280~560	≥0.5~2	19	27	39	54	77	26	36	51	73	103
	>2~3.5	22	31	44	62	87	26	37	52	74	105
	>3.5~6	24	34	48	68	96	27	38	53	75	106

注：① 将 f_i'/K 乘以 K 即得到 f_i'，当重合度 $\varepsilon < 4$ 时，系数 $K = 0.2\left(\dfrac{\varepsilon+4}{\varepsilon}\right)$；当 $\varepsilon \geq 4$ 时，$K = 0.4$。

② $F_i' = F_p + f_i'$。

表 6 - 9 径向综合总偏差 F_i''、一齿径向综合偏差 f_i''

（摘自 GB/T10095.2 - 2008） （单位：μm）

分度圆直径 d/mm	法向模数 m_n/mm	径向综合总偏差 F_i''					一齿径向综合偏差 f_i''				
		精度等级					精度等级				
		5	6	7	8	9	5	6	7	8	9
≥5～20	≥0.2～0.5	11	15	21	30	42	2.0	2.5	3.5	5.0	7.0
	>0.5～0.8	12	16	23	33	46	2.5	4.0	5.5	7.5	11
	>0.8～1.0	12	18	25	35	50	3.5	5.0	7.0	10	14
	>1.0～1.5	14	19	27	38	54	4.5	6.5	9.0	13	18
>20～50	≥0.2～0.5	13	19	26	37	52	2.0	2.5	3.5	5.0	7.0
	>0.5～0.8	14	20	28	40	56	2.5	4.0	5.5	7.5	11
	>0.8～1.0	15	21	30	42	60	3.5	5.0	7.0	10	14
	>1.0～1.5	16	23	32	45	64	4.5	6.5	9.0	13	18
	>1.5～2.5	18	26	37	52	73	6.5	9.5	13	19	26
>50～125	≥1.0～1.5	19	27	39	55	77	4.5	6.5	9.0	13	18
	>1.5～2.5	22	31	43	61	86	6.5	9.5	13	19	26
	>2.5～4.0	25	36	51	72	102	10	14	20	29	41
	>4.0～6.0	31	44	62	88	124	15	22	31	44	62
	>6.0～10	40	57	80	114	161	24	34	48	67	95
>125～280	≥1.0～1.5	24	34	48	68	97	4.5	6.5	9.0	13	18
	>1.5～2.5	26	37	53	75	106	6.5	9.5	13	19	26
	>2.5～4.0	30	43	61	86	121	10	15	21	29	41
	>4.0～6.0	36	51	72	102	144	15	22	31	44	62
	>6.0～10	45	64	90	127	180	24	34	48	67	95
>280～560	≥1.0～1.5	30	43	61	86	122	4.5	6.5	9.0	13	18
	>1.5～2.5	33	46	65	92	131	6.5	9.5	13	19	27
	>2.5～4.0	37	52	73	104	146	10	15	21	29	41
	>4.0～6.0	42	60	84	119	169	15	22	31	44	62
	>6.0～10	51	73	103	145	205	24	34	48	68	96

表 6 - 10 螺旋线总公差 F_β （摘自 GB/T10095.1 - 2008） （单位：μm）

分度圆直径 d/mm	齿宽 b/mm	精度等级				
		5	6	7	8	9
≥5～20	≥4～10	6.0	8.5	12	17	24
	>10～20	7.0	9.5	14	19	28

分度圆直径 d/mm	齿宽 b/mm	精度等级				
		5	6	7	8	9
>20～50	≥4～10	6.5	9.0	13	18	25
	>10～20	7.0	10	14	20	29
	>20～40	8.0	11	16	23	32
>50～125	≥4～10	6.5	9.5	13	19	27
	>10～20	7.5	11	15	21	29
	>20～40	8.5	12	17	24	34
	>40～80	10	14	20	28	39
>125～280	≥4～10	7.0	10	14	20	29
	>10～20	8.0	11	16	22	32
	>20～40	9.0	13	18	25	36
	>40～80	10	15	21	29	41
	>80～160	12	17	25	35	49
>280～560	>10～20	8.5	12	17	24	34
	>20～40	9.5	13	19	27	38
	>40～80	11	15	22	31	44
	>80～160	13	18	26	36	52
	>160～250	15	21	30	43	60

2. 精度等级的选择

齿轮精度等级选择的主要依据是齿轮传动的用途、使用要求、工作条件,以及其他技术要求。要综合考虑传递运动的精度、齿轮圆周速度的大小、传递功率的高低、润滑条件、持续工作时间的长短、制造成本和使用寿命等因素,在满足使用要求的前提下,应尽量选择较低精度的公差等级。精度等级的选择方法有计算法和类比法。

计算法是根据工作条件和具体要求,通过对整个传动链的运动误差计算确定齿轮的精度等级,或者根据传动中允许的振动和噪声指标,通过动力学计算确定齿轮的精度等级;也可以根据对齿轮的承载要求,通过强度和寿命计算确定齿轮的精度等级。计算法一般用于高精度齿轮精度等级的确定。

类比法是根据生产实践中总结出来的同类产品的经验资料,经过对比选择精度等级。在实际生产中常用类比法。

表6-11列出了各类机械中齿轮精度等级的应用范围,表6-12列出了齿轮精度等级与圆周速度的应用范围,选用时可作参考。

表 6‒11　各类机械中齿轮精度等级的应用范围

应用范围	精度等级	应用范围	精度等级
单啮仪、双啮仪等使用的测量齿轮	2～5	载重汽车	6～9
涡轮机减速器	3～6	通用减速器	6～9
精密切削机床	3～7	拖拉机	6～10
一般切削机床	5～8	轧钢机	6～10
航空发动机	4～7	起重机	7～10
轻型汽车	5～8	地质矿用绞车	8～10
内燃或电气机车	6～8	农业机械	8～11

表 6‒12　齿轮精度等级与圆周速度的应用范围

精度等级	应 用 范 围	圆周速度/(m/s)	
		直齿	斜齿
4	高精度和极精密分度机构的齿轮,要求极高的平稳性和无噪声的齿轮,检验 7 级精度齿轮的测量齿轮,高速涡轮机齿轮	<35	<70
5	高精度和精密分度机构的齿轮,高速、重载重型机械进给齿轮,要求高的平稳性和无噪声的齿轮,检验 8,9 级精度齿轮的测量齿轮	<20	<40
6	一般分度机构的齿轮,3 级和 3 级以上精度机床中的进给齿轮,高速、重型机械传动中的动力齿轮,高速传动中的高效率、平稳性和无噪声齿轮,读数机构中传动齿轮	<15	<30
7	4 级和 4 级以上精度机床中的进给齿轮,高速动力小而需要反向回转的齿轮,有一定速度的减速器齿轮,有平稳性要求的航空齿轮、船舶和轿车的齿轮	<10	<15
8	一般精度机床齿轮,汽车、拖拉机和减速器中的齿轮,航空器中的不重要的齿轮,农用机械中的重要齿轮	<6	<10
9	精度要求低的齿轮,没有传动要求的手动齿轮	<2	<4

3. 齿坯精度

　　齿坯的尺寸偏差、几何误差和表面质量对齿轮的加工精度、安装精度及齿轮副的接触条件和运转状况等会产生一定的影响,因此为了保证齿轮的传动质量,就必须控制齿坯精度,以使加工的轮齿更易满足使用要求。

　　齿坯精度包括齿轮内孔、齿顶圆、齿轮轴的定位基准面和安装基准面的精度,以及各工作表面的粗糙度要求。齿轮内孔与轴颈常作为加工、测量和安装基准,按齿轮精度对它们的尺寸和位置也提出了一定的精度要求,见表 6‒13。

表 6-13 齿坯精度

齿轮精度等级		5	6	7	8	9
孔	尺寸、几何公差	IT5	IT6	IT7		IT8
轴		IT5		IT6		IT7
顶圆直径公差		IT7		IT8		IT9

注:当顶圆不作为测量基准时,其尺寸公差按 IT11 给定,但不大于 0.1 mm。

6.2.4　齿轮精度设计实例

图 6-9 所示的一级直齿圆柱齿轮减速器输出轴齿轮,模数 $m = 3$ mm,压力角 $\alpha = 20°$,齿数 $z = 32$,中心距 $a = 288$ mm,箱体轴承孔跨距 $L = 65$ mm,齿宽 $b = 20$ mm,圆周速度 $v = 6.5$ m/s。采用油池润滑,齿轮材料为钢,箱体材料为铸铁,减速器工作时,齿轮温度增至 60℃,箱体温度增至 40℃,设计齿轮的精度。

根据减速器输出轴的使用功能及工况条件,采用类比法,参考表 6-11、表 6-12,确定齿轮的精度等级为 7 级。

采用类比法确定检验项目,并查表 6-7、表 6-10 得出:齿距累积总公差 F_p 为 38 μm、单个齿距极限偏差 $\pm f_{pt}$ 为 ± 12 μm、齿廓总公差 F_α 为 16 μm、螺旋线总公差 F_β 为 15 μm。

采用类比法并查表 6-13,确定齿坯公差:基准孔尺寸公差为 $\phi 40H7(^{+0.025}_{0})$、齿顶圆柱面不作为测量齿厚的基准,齿顶圆直径公差 $\phi 102h11(^{0}_{-0.22})$、基准端面的圆跳动公差为 11 μm、齿面表面粗糙度 Ra 值不允许大于 1.25 μm。

图样标注如图 6-25 所示。

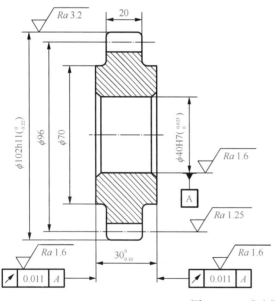

齿数	z	32
模数	m	3
压力角	α	20°
精度等级	7 GB/T 10095.1-2008	
齿距累积总公差	F_p	0.038
单个齿距极限偏差	$\pm f_{pt}$	0.012
齿廓总公差	F_α	0.016
螺旋线总公差	F_β	0.015

图 6-25　减速器齿轮

习　题

6－1　滚动轴承的精度分为几级？各应用在什么场合？

6－2　选择轴承与结合件配合的主要依据是什么？

6－3　滚动轴承的内、外径公差带布置有何特点？

6－4　齿轮传动的使用要求有哪些？

6－5　滚齿机上加工齿轮会产生哪些加工误差？

6－6　评定齿轮传递运动准确性和评定齿轮传动平稳性指标都有哪些？

学习情境 7

常见结合件的公差与检测

● 项目内容

◇ 常见结合件的公差与检测。

● 学习目标

◇ 了解平键、花键联结的公差和检测；

◇ 了解螺纹的公差与检测；

◇ 培养严谨的设计计算以及检测态度、质量意识、责任意识。

● 能力目标

◇ 学会根据机器和零件的功能要求，选用合适的平键、矩形花键公差和检测方法；

◇ 螺纹的公差与检测。

● 知识点与技能点

◇ 平键、花键联结的公差和检测；

◇ 表面螺纹的公差与检测。

任务 1 引入

在机械传动中，键起什么作用？如何根据工况条件，选择键的公差及检测方法，选择检测仪器和检测方法？测量仪器的正确选择、测量方法的正确使用，会提高工作效率，兢兢业业、严谨的工作态度能够更好地完成工程项目。

图 7-1 是图 4-1 所示的直齿圆柱齿轮减速器的输出轴系结构示意图，根据使用功能，选择图示输出轴与齿轮联结处的键联结类型、尺寸、公差及检测方法，并作图样标注。

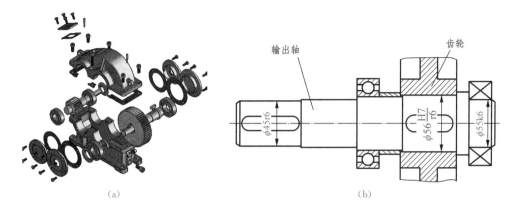

图 7 - 1 减速器输出轴系结构示意图

相 关 知 识

7.1 平键、花键联结的公差与检测

键和花键是一种标准件，主要用于轴与轴上的传动零件（齿轮、带轮、联轴器等）的周向固定并传递转矩，有些还可以实现轴上零件的轴向固定或轴向滑动。

键联结分为平键联结（平键又分为普通平键联结、导向平键、滑键联结）、半圆键联结、楔键联结和切向键联结，如图 7 - 2 所示。

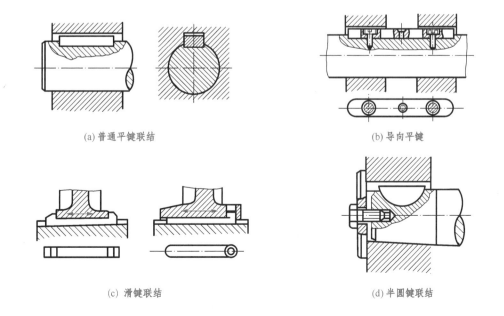

(a) 普通平键联结   (b) 导向平键

(c) 滑键联结   (d) 半圆键联结

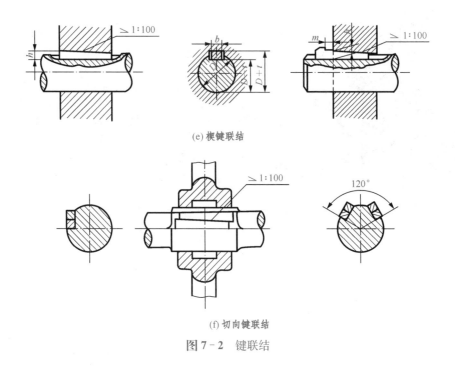

(e) 楔键联结

(f) 切向键联结

图 7 - 2 键联结

花键按其键齿形状的不同,可分为矩形花键、渐开线花键和三角形花键 3 种,如图 7 - 3 所示。

(a) 矩形花键 (b) 渐开线花键 (c) 三角形花键

图 7 - 3 花键联结的类型

本章只讨论平键和矩形花键联结的公差和检测。

7.1.1 平键联结的公差与检测

1. 平键的配合尺寸公差与配合

平键联结由键、轴键槽和轮毂键槽 3 部分组成,通过键的侧面与轴键槽及轮毂键槽的侧面相互接触来传递转矩,如图 7 - 4 所示。在平键联结中,键和轴键槽、轮毂键槽的宽度 b 是配合尺寸,应规定较严的公差;而键的高度 h 和长度 L,以及键槽的深度(轴槽深 t,毂槽深 t_1)皆是非配合尺寸,应给予较松的公差。

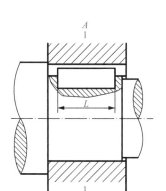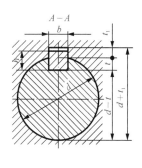

图 7 - 4　单键联结的几何尺寸

平键联结中,键由型钢制成,是标准件,因此键与键槽宽度的配合采用基轴制。标准规定,按轴径确定键和键槽尺寸。对键的宽度规定一种公差带 h9,对轴和轮毂键槽的宽度各规定 3 种公差带,形成的配合种类分为较松联结、一般联结和较紧联结,以满足各种用途的需要。各种平键联结的配合性质及应用,见表 7 - 1。

表 7 - 1　平键联结的配合性质及应用

配合种类	尺寸 b 的公差			配合性质及应用
	键	轴槽	轮毂槽	
较松联结		H9	D10	主要用于导向平键,轮毂可在轴上作轴向移动
一般联结	h9	N9	JS9	键在轴上及轮毂中均固定,用于载荷不大的场合
较紧联结		P9	P9	键在轴上及轮毂中均固定,而比上一种配合更紧。主要用于载荷较大,或载荷具有冲击性及双向传递扭矩的场合

键宽度公差带分别与 3 种键槽宽度公差带形成 3 组配合,如图 7 - 5 所示。

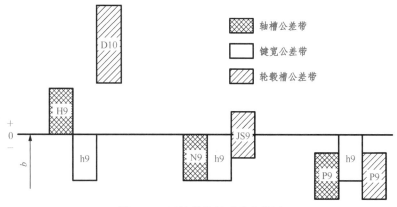

图 7 - 5　平键联结尺寸公差带图

平键联结中,键及键槽剖面尺寸及公差,见表 7 - 2 和表 7 - 3。

表 7-2　平键、键槽剖面尺寸及键槽公差　　　　　　（单位:mm）

轴 公称直径 d	键 公称尺寸 b×h	键槽 宽度b 公称尺寸 b	较松键联结 轴H9	较松键联结 毂D10	一般键联结 轴N9	一般键联结 毂JS9	较紧键联结 轴和毂P9	深度 轴槽深t 公称尺寸	深度 轴槽深t 极限偏差	深度 毂槽深t₁ 公称尺寸	深度 毂槽深t₁ 极限偏差
>22~30	8×7	8	+0.036 0	+0.098 +0.040	0 −0.036	±0.018	−0.015 −0.051	4.0		3.3	
>30~38	10×8	10						5.0		3.3	
>38~44	12×8	12	+0.043 0	+0.120 +0.050	0 −0.043	±0.021	−0.018 −0.061	5.0		3.3	
>44~50	14×9	14						5.5		3.8	
>50~58	16×10	16						6.0	+0.20 0	4.3	+0.2 0
>58~65	18×11	18						7.0		4.4	
>65~75	20×12	20	+0.052 0	+0.149 +0.065	0 −0.052	±0.026	−0.022 −0.074	7.5		4.9	
>75~85	22×14	22						9.0		5.4	
>85~95	25×14	25						9.0		5.4	
>95~110	28×16	28						10.0		6.4	

注:① $(d-t)$ 和 $(d+t_1)$ 两组组合尺寸的偏差按相应的 t 和 t_1 的极限偏差选取,但 $(d-t)$ 极限偏差值应取负号(一)。
②键的长度系列:6, 8, 10, 12, 14, 16, 18, 20, 22, 25, 28, 32, 36, 40, 45, 50, 56, 63, 70, 80, 90, 100, 110, 125, 140, 160, 180, 200, 220, 250, 280, 320, 360。

表 7-3　平键公差　　　　　　（单位:mm）

	公称尺寸	8	10	12	14	16	18	20	22	25	28
b	偏差 h9	0 −0.036			0 −0.043			0 −0.052			
	公称尺寸	7	8	8	9	10	11	12	14	14	16
h	偏差 h11	0 −0.090						0 −0.110			

2. 平键的非配合尺寸公差与配合

在工作图中,轴槽深度用 $(d-t)$ 标注,轮毂槽深度用 $(d+t_1)$ 标注,如图 7-6 所示。$(d-t)$ 和 $(d+t_1)$ 两组非配合尺寸的偏差按相应的 t 和 t_1 的极限偏差选取,但 $(d-t)$ 极限偏差值应取负号(一)。非配合尺寸的公差带代号,见表 7-4。

表 7 - 4　平键联结中非配合尺寸的公差带

各部分尺寸	键高 h	键长 L	轴槽长
公差带代号	h11(h9)	h14	H14

注:(h9)用于 B 型键。

3. 键槽的位置公差和表面粗糙度

为保证键与键槽侧面之间有足够的接触面积和装配质量,应规定其位置公差(平行度和对称度)和表面粗糙度。

键槽的平行度主要由机床精度来保证,有时可以不标注。键槽(轴槽和轮毂槽)对轴线或轮毂轴线的对称度公差,一般可按 7~9 级选取。键槽配合表面的面粗糙度一般取 $Ra \leqslant 1.6 \sim 3.2\,\mu m$,非配合表面的面粗糙度一般取 $Ra \leqslant 6.3 \sim 12.5\,\mu m$。 轴槽和轮毂槽的剖面尺寸上、下偏差在图样上的标注,如图 7 - 6 所示。

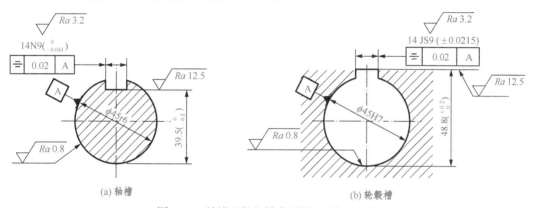

(a) 轴槽　　　　　　　　　　　　　　(b) 轮毂槽

图 7 - 6　轴槽和轮毂槽在图样上的标注示例

4. 平键的测量

键和键槽的尺寸可以用千分尺、游标卡尺等普通计量器具来测量,键槽宽度可以用量块或极限量规来检验。

如图 7 - 7(a)所示,轴键槽对基准轴线的对称度公差采用独立原则。这时,键槽对称度误差可按图 7 - 7(b)所示的方法来测量。被测零件(轴)以其基准部位放置在 V 形支承座上,以平板作为测量基准,用 V 形支承座体现轴的基准轴线,它平行于平板。用定位块(或量块)模拟体现键槽中心平面。将置于平板上的指示器的测头与定位块的顶面接触,沿定位块的一个横截面移动,并稍微转动被测零件来调整定位块的位置,使指示器沿定位块这个横截面移动的过程中示值始终稳定为止,因而确定定位块的这个横截面内的素线平行于平板。

如图 7 - 8(a)所示,轴键槽对称度公差与键槽宽度的尺寸公差的关系采用最大实体要求,而该对称度公差与轴径的尺寸公差关系采用独立原则。这时,键槽对称误差可用图 7 - 8(b)所示的量规检验。该量规以其 V 形表面作为定心表面来体现基准轴线,来检验键槽对称误差,若 V 形表面与轴表面接触且量杆能够进入被测键槽,则表示合格。

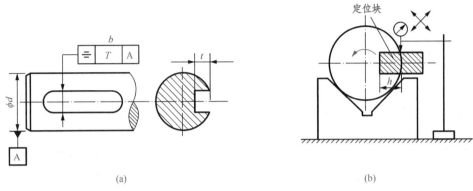

(a)   (b)

图7-7 轴键槽对称度误差测量

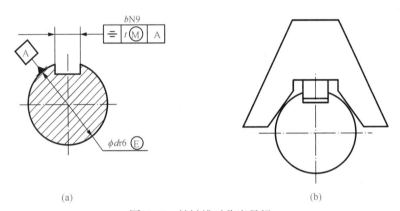

(a)   (b)

图7-8 轴键槽对称度量规

如图7-9(a)所示,轮毂键槽对称度公差与键槽宽度的尺寸公差,以及基准孔孔径的尺寸公差的关系皆采用最大实体要求。这时,键槽对称度误差可用图7-9(b)所示的键槽对称度量规检验。该量规以圆柱面作为定位表面模拟体现基准轴线,来检验键槽对称度误差,若它能够同时自由通过轮毂的基准孔和被测键槽,则表示合格。

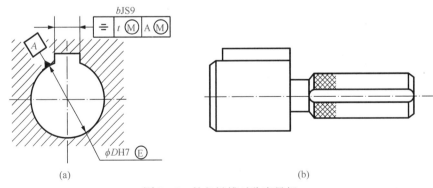

(a)   (b)

图7-9 轮毂键槽对称度量规

7.1.2　平键选择及配合应用实例

图 7-1 所示的减速器输出轴与齿轮联结处,有轻微冲击,选择键联结类型、尺寸、公差及检测方法。

齿轮传动要求齿轮与轴对中好,为保证啮合,选用平键联结。选 A 型平键,由轴的直径 $d=56$ mm、轮毂长度 $l=57$ mm,查表 7-2 得键的尺寸为 $b=16$ mm,$h=10$ mm,$L=50$ mm,记为键 $16\times10\times50$　GB1096-2003。

采用类比法,参考表 7-1,选择键 b 公差为 h9、轴槽公差为 N9、轮毂槽公差为 JS9;由表 7-2 得出公差值,并标注于图 7-10 上。

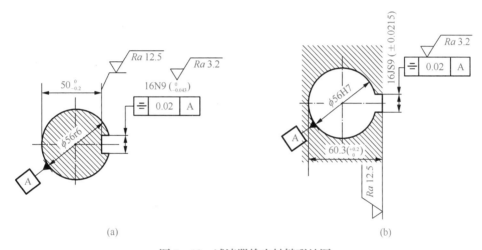

图 7-10　减速器输出轴键联结图

由表 4-13,得键槽中心平面对 $\phi56r6$ 圆柱面轴线的对称度公差为 0.02 mm;采用类比法,得出键槽侧面的表面粗糙度 Ra 值不允许大于 3.2 μm。

键和键槽的尺寸用千分尺来测量,键槽宽度用量块或极限量规来检验,对称度采用图 4-47 所示方法测量。

7.1.3　矩形花键联结的公差与检测

矩形花键是把多个平键与轴及孔制成一个整体。花键联结由内花键(花键孔)和外花键(花键轴)两个零件组成。与键联结相比具有许多优点,如定心精度高、导向性能好、承载能力强等。花键联结可固定联结,也可滑动联结,在机床、汽车等行业中得到广泛应用。

1. 矩形花键联结

(1) 尺寸系列　矩形花键有 3 个主要参数,小径 d、大径 D 和键(键槽)宽 B,如图 7-11 所示。矩形花键尺寸规定了轻、中两个系列,键数 N 有 6 键、8 键和 10 键 3 种,键数随小径

增大而增多,轻、中系列合计 35 种规格,其公称尺寸见表 7-5。

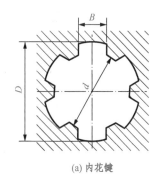

(a) 内花键

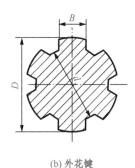

(b) 外花键

图 7-11   矩形花键的主要尺寸

表 7-5   矩形花键公称尺寸系列　　　　　　　　　　　　　　　　（单位:mm）

小径	轻系列				中系列			
	规格 $N \times d \times D \times B$	键数 N	大径 D	键宽 B	规格 $N \times d \times D \times B$	键数 N	大径 D	键宽 B
11					6×11×14×3		14	3
13					6×13×16×3.5		16	3.5
16					6×16×20×4		20	4
18		6			6×18×22×5	6	22	5
21					6×21×25×5		25	5
23	6×23×26×6		26	6	6×23×28×6		28	6
26	6×26×30×6		30	6	6×26×32×6		32	6
28	6×28×32×7		32	7	6×28×34×7		34	7
32	8×32×36×6		36	6	8×32×38×6		38	6
36	8×36×40×7		40	7	8×36×42×7		42	7
42	8×42×46×8	8	46	8	8×42×48×8	8	48	8
46	8×46×50×9		50	9	8×46×54×9		54	9
52	8×52×58×10		58	10	8×52×60×10		60	10
56	8×56×62×10		62	10	8×56×65×10		65	10
62	8×62×68×12		68	12	8×62×72×12		72	12
72	10×72×78×12		78	12	10×72×82×12		82	12
82	10×82×88×12		88	12	10×82×92×12		92	12
92	10×92×98×14	10	98	14	10×92×102×14	10	102	14
102	10×102×108×16		108	16	10×102×112×16		112	16
112	10×112×120×18		120	18	10×112×125×18		125	18

　　（2）定心方式   矩形花键联结可以有 3 种定心方式:小径 d 定心、大径 D 定心和键侧（键槽侧）B 定心,如图 7-12 所示。前两种定心方式的定心精度比后一种方式的高。而键和键槽的侧面无论是否作为定心表面,其宽度尺寸 B 都应具有足够的精度,因为它们要传

递转矩和导向。此外,非定心直径表面之间应该有足够的间隙。

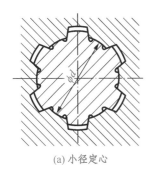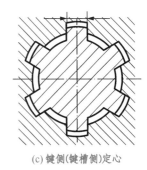

(a) 小径定心　　　　　　　(b) 大径定心　　　　　　(c) 键侧(键槽侧)定心

图 7 - 12　矩形花键定心方式

　　GB/T1144 - 2001 规定,矩形花键联结采用小径定心。这是因为随着科学技术的发展,现代工业对机械零件的质量要求不断提高,对花键联结的机械强度、硬度、耐磨性和几何精度的要求都提高了。在内、外花键制造过程中,需要进行热处理(淬硬)来提高硬度和耐磨性,淬硬后应采用磨削来修正热处理变形,以保证定心表面的精度要求。

　　如果采用大径定心,则内花键大径表面很难磨削。采用小径定心,磨削内花键小径表面就很容易,磨削外花键小径表面也比较方便。此外,内花键尺寸精度要求高时,如 IT5 级和 IT6 级精度齿轮的花键孔,定心表面尺寸的标准公差等级分别为 IT5 和 IT6。采用大径定心则拉削内花键不能达到高精度大径要求,而采用小径定心就可以通过磨削达到高精度小径要求。所以,矩形花键联结采用小径定心可以获得更高的定心精度,并能保证和提高花键的表面质量。

　　2. 矩形花键联结的公差与配合

　　矩形花键联结的极限与配合分为两种情况:一种为一般用途矩形花键,另一种为精密传动用矩形花键。其内、外花键的尺寸公差带见表 7 - 6。

表 7 - 6　矩形内、外花键的尺寸公差带

内花键				外花键			装配形式
d	D	B		d	D	B	
		拉削后不热处理	拉削后热处理				
一般用							
H7	H10	H9	H11	f7	a11	d10	滑动
				g7		f9	紧滑动
				h7		h10	固定

内花键				外花键			装配形式
d	D	B		d	D	B	
		拉削后不热处理	拉削后热处理				
精密传动用							
H5	H10	H7，H9		f5	a11	d8	滑动
				g5		f7	紧滑动
				h5		h8	固定
H6				f6		d8	滑动
				g6		f7	紧滑动
				h6		h8	固定

矩形花键联结采用基孔制配合，是为了减少加工和检验内花键用花键拉刀和花键量规的规格和数量。一般传动用内花键拉削后再进行热处理，其键（槽）宽的变形不易修正，故公差要降低要求（由 H9 降为 H11）。对于精密传动用内花键，当联结要求键侧配合间隙较高时，槽宽公差带选用 H7，一般情况选用 H9。

在一般情况下，定心直径 d 的公差带，内、外花键取相同的公差等级。这个规定不同于普通光滑孔、轴的配合。主要是考虑到矩形花键采用小径定心，使加工难度由内花键转为外花键。但在有些情况下，内花键允许与提高一级的外花键配合，公差带为 H7 的内花键可以与公差带为 f6，g6，h6 的外花键配合，公差带为 H6 的内花键可以与公差带为 f5，g5，h5 的外花键配合。这主要是考虑矩形花键常用来作为齿轮的基准孔，在贯彻齿轮标准过程中，有可能出现外花键的定心直径公差等级高于内花键定心直径公差等级的情况。

矩形花键联结的极限与配合选用主要是确定联结精度和装配形式。联结精度的选用主要是根据定心精度要求和传递扭矩大小。精密传动用花键联结定心精度高，传递扭矩大而且平稳，多用于精密机床主轴变速箱，以及各种减速器中轴与齿轮花键孔（内花键）的联结。矩形花键按装配型式分为固定联结、紧滑动联结和滑动联结 3 种。固定联结方式，用于内、外花键之间无轴向相对移动的情况，而后两种联结方式，用于内、外花键之间工作时要求相对移动的情况。由于几何误差的影响，矩形花键各结合面的配合均比预定的要紧。

装配形式的选用，首先根据内、外花键之间是否有轴向移动，确定选固定联结还是滑动联结。对于内、外花键之间要求有相对移动，而且移动距离长、移动频率高的情况，应选用配合间隙较大的滑动联结，以保证运动灵活性及配合面间有足够的润滑油层，如变速箱中的齿轮与轴的联结。对于内、外花键之间定心精度要求高，传递扭矩大或经常有反向转动的情况，则选用配合间隙较小的紧滑动联结。若内、外花键间无需在轴向移动，只用来传递扭矩，则选用固定联结。

3. 花键的检测

综合量规检测如图 7-13 所示。图 7-13(a)为花键塞规,其前端的圆柱面用来引导塞规进入内花键,其后端的花键则用来检验内花键各部位。图 7-13(b)为花键环规,其前端的圆孔用来引导环规进入外花键,其后端的花键则用来检验外花键各部位。

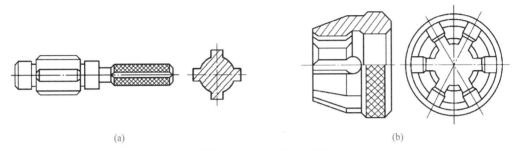

(a)   (b)

图 7-13　花键综合量规

如图 7-14 所示,当花键小径定心表面采用包容要求,各键(各键槽)位置度公差与键宽(键槽宽)的尺寸公差的关系采用最大实体要求,且该位置度公差与小径定心表面尺寸公差的关系也采用最大实体要求时,为了保证花键装配形式的要求,验收内、外花键应该首先使用花键塞规和花键环规(均系全形通规)分别检验内、外花键的实际要素和几何误差的综合结果。即同时检验花键的小径、大径、键宽(键槽宽)表面的实际要素和形状误差以及各键(各键槽)的位置度误差,大径表面轴线对小径表面轴线的同轴度误差等的综合结果。花键量规应能自由通过被测花键,这样才表示合格。

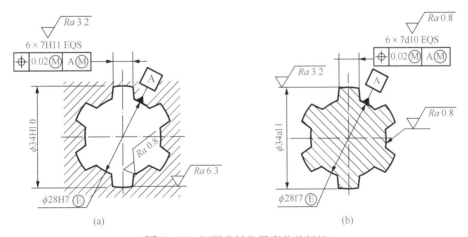

(a)   (b)

图 7-14　矩形花键位置度公差标注

被测花键用花键量规检验合格后,还要分别检验其小径、大径和键宽(键槽宽)的实际要素是否超出各自的最小实体尺寸。即按内花键小径、大径及键槽宽的上极限尺寸和外花键小径、大径及键宽的下极限尺寸,分别用单项止端塞规和单项止端卡规检验它们的实际要素,或者使用普通计量器具测量它们的实际要素。单项止端量规应不能通过,这样才表示合

格。如果被测花键不能被花键量规通过,或者能够被单项止端量规通过,则表示被测花键不合格。

如图 7-15 所示,当花键小径定心表面采用包容要求,各键(各键槽)的对称度公差以及花键各部位的公差皆遵守独立原则时,花键小径、大径和各键(各键槽)应分别测量或检验。小径定心表面应该用光滑极限量规检验,大径和键宽(键槽宽)用两点法测量,键(键槽)的对称度误差和大径表面轴线对小径表面轴线的同轴度误差都使用普通计量器具测量。

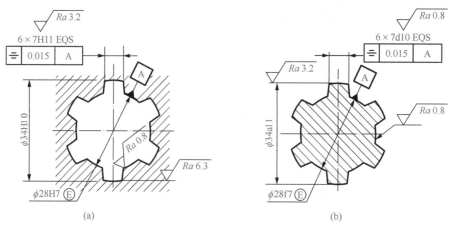

图 7-15 矩形花键对称度公差标注

4. 矩形花键的标注

矩形花键的规格按下列顺序表示:键数 N×小径 d×大径 D×键宽(键槽宽)B。例如,矩形花键数 N 为 6,小径 d 的配合为 23H7/f7,大径 D 的配合为 28H10/a11,键宽 B 的配合为 12H11/d10 的标记如下:

花键规格 N×d×D×B,即 6×23×28×6;

花键副 $6×23\dfrac{\text{H7}}{\text{f7}}×28\dfrac{\text{H10}}{\text{a11}}×6\dfrac{\text{H11}}{\text{d10}}$ (GB/T1144-2001);

内花键   6×23H7×28H10×6H11   (GB/T1144-2001);

外花键   6×23f7×28a11×6d10   (GB/T1144-2001)。

任务 2 引入

图 7-16 所示圆柱齿轮减速器,如何根据工况,选择箱体联结处相互配合螺纹(螺栓 7 和箱体螺纹孔)的公差等级、公差带、旋合长度和螺纹精度等级、螺纹牙齿表面粗糙度、螺纹检测方法?

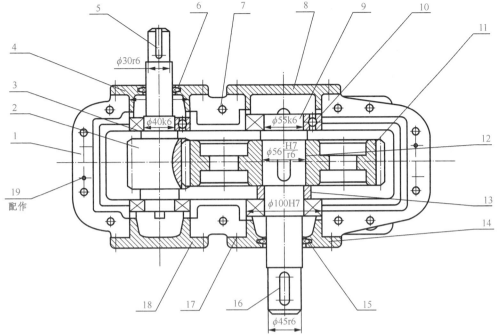

1—箱座　2—输入轴　3,10—轴承　4,8,14,18—轴承端盖　5,12,16—键　6,15—密封圈
7—螺栓　9—输出轴　11—齿轮　13—轴套　17—垫片　19—定位销

图 7‐16　一级直齿圆柱齿轮减速器示意图

相 关 知 识

7.2　螺纹的公差与检测

7.2.1　螺纹的种类和使用要求

螺纹联结是利用螺纹零件构成的可拆联结,在机械制造中应用十分广泛。螺纹的互换程度很高,螺纹主要用于紧固联结、密封、传递动力和运动等。按其结构特点和用途螺纹联结可分为 3 类。

(1)普通螺纹　通常也称为紧固螺纹,用于联结和紧固各种机械零部件,其主要使用要求是良好的可旋合性和可靠的联结强度。

(2)密封螺纹　又称为紧密螺纹,主要用于机械设备中气体或液体的密封联结,其主要使用要求是保证具有良好的密封性,使螺纹联结后在一定的压力下,管道内的液体(或气体)不从螺牙间流出,即达到不泄漏的作用。

（3）传动螺纹　用于传递精确位移或动力。对传递位移的螺纹主要要求传动比恒定，而传递动力的螺纹则要求具有足够的强度。各种传动螺纹都要求具有一定的间隙，以便储存润滑油。

7.2.2　普通螺纹的基本牙型和主要几何参数

螺纹的几何参数较多，国家标准对螺纹的牙型、参数、公差与配合等都作了规定，以保证其几何精度。

普通螺纹的基本牙型是将原始三角形（两个底边连接着且平行于螺纹轴线的等边三角形，其高用 H 表示）的顶部截去 $H/8$、底部截去 $H/4$ 所形成的理论牙型，如图 7-17 所示，其直径参数中大写字母表示内螺纹参数，小写字母表示外螺纹参数。

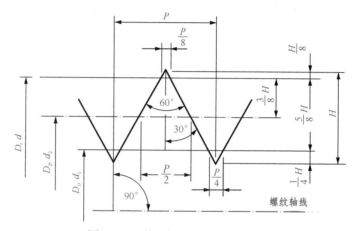

图 7-17　普通螺纹的主要几何参数

（1）大径 D，d　大径是与外螺纹牙顶或与内螺纹牙底相重合的假想圆柱面的直径。螺纹大径的公称尺寸代表螺纹的公称直径，公称直径的公称尺寸应按规定的直径系列选用，见表 7-7。对于相结合的普通螺纹，内、外螺纹的公称直径应相等，即 $D=d$。

表 7-7　普通螺纹公称尺寸　　　　　　　　（单位：mm）

公称直径 D，d			螺距 P	中径 D_2 或 d_2	小径 D_1 或 d_1
第一系列	第二系列	第三系列			
10			1.5	9.026	8.376
			1.25	9.188	8.647
			1	9.350	8.917
			0.75	9.513	9.188
12			1.75	10.863	10.106
			1.5	11.026	10.376
			1.25	11.188	10.647
			1	11.350	10.917

公称直径 D, d			螺距 P	中径 D_2 或 d_2	小径 D_1 或 d_1
第一系列	第二系列	第三系列			
	14		2	12.701	11.835
			1.5	13.026	12.376
			1	13.350	12.917
16			2	14.701	13.835
			1.5	15.026	12.376
			1	15.350	14.917
20			2.5	18.376	17.294
			2	18.701	17.835
			1.5	19.026	18.376
			1	19.350	18.917
24			3	22.051	20.752
			2	22.701	21.835
			1.5	23.026	22.376
			1	23.350	22.917
		25	2	23.701	22.835
			1.5	24.026	23.376

（2）小径 D_1, d_1　小径是与外螺纹牙底或与内螺纹牙顶相重合的假想圆柱的直径。

（3）中径 D_2, d_2　中径指通过螺纹牙型上沟槽宽度与凸起宽度相等的一个假想圆柱的直径,该圆柱面的母线位于牙体和牙槽宽度相等处,即 $H/2$ 处。实际螺纹的中径称为实际中径,用 D_{2a}（或 d_{2a}）表示。

（4）单一中径 D_{2a}, d_{2a}　单一中径是指螺纹牙型上沟槽宽度等于 $1/2$ 基本螺距的假想圆柱面的直径,如图 7-18 所示。为了测量方便,实际工作中常用单一中径 D_{2a} 和 d_{2a} 作为实际中径。

（5）作用中径 D_{2m}, d_{2m}　螺纹的作用中径是指在规定的旋合长度内,与实际外（内）螺纹外（内）接的最小（最大）的理想内（外）螺纹的中径,如图 7-19 所示。

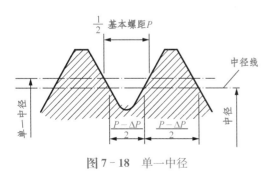

图 7-18　单一中径

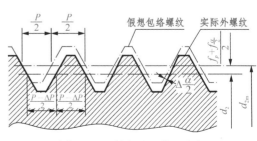

图 7-19　外螺纹的作用中径

（6）螺距 P　螺距为相邻两牙在中径线上对应两点间的轴向距离。

（7）导程 L　导程是同一螺纹线上相邻两牙在中径线上对应两点间的轴向距离。对于单线螺纹，导程等于螺距；对于多线螺纹，导程等于螺距与线数 n 的乘积，即 $L = n \times P$。

（8）牙型角 α 和牙型半角 $\alpha/2$　牙型角是指在通过螺纹轴线剖面内的螺纹牙型上相邻两牙侧间的夹角。普通螺纹的牙型角 $\alpha = 60°$。在螺纹牙型上，牙侧与螺纹轴线的垂线的夹角称为牙型半角，普通螺纹牙型半角的公称值等于 $30°$。

（9）螺纹旋合长度　指两个相互结合的螺纹沿螺纹轴线方向相互旋合部分的长度。

7.2.3　普通螺纹几何参数误差对互换性的影响

普通螺纹互换性的要求是保证具有良好的旋合性和可靠的联结强度，其配合为间隙配合。大径、小径处均留有间隙，故 D，d 和 D_1，d_1 的变动一般不会影响其配合性质，只要将它们限制在公差范围内即可；而内、外螺纹联结主要是依靠旋合后牙侧接触的均匀性，因此，影响螺纹互换性的主要几何参数是中径、螺距和牙型半角误差。

1. 中径误差的影响

中径误差指实际中径 D_{2a}（或 d_{2a}）（即单一中径）与中径公称尺寸的差值，即

$$\Delta D_{2a} = D_{2a} - D_2, \quad \Delta d_{2a} = d_{2a} - d_2。$$

设除了中径外，其他参数均为理想状态，此时若外螺纹的中径偏差小于内螺纹的中径偏差，则内、外螺纹可自由旋合；若外螺纹的中径偏差大于内螺纹的中径偏差，将会产生干涉，难以旋合。但若外螺纹过小、内螺纹过大，则会削弱其联结强度而影响联结的可靠性。因此，中径偏差的大小直径影响螺纹的互换性。

2. 螺距误差的影响

螺距误差包括单个螺距偏差 ΔP 和螺距累积偏差 $\Delta P_{\sum}$。ΔP 是指在螺纹全长上任意单个实际螺距与基本螺距的代数差，它与旋合长度无关；$\Delta P_{\sum}$ 是指在旋合长度内，任意一个实际螺距与任意一个基本螺距之差，即 $\Delta P_{\sum} = n\Delta P$。螺距偏差是螺纹牙型相对于螺纹轴线的位置误差，主要由刀具（如丝锥、板牙等）本身的螺距偏差和机床转运链的运动误差造成的。螺距累积偏差是主要影响因素。

如图 7 - 20 所示，设相互结合的螺纹具有理想牙型，外螺纹仅存在螺距偏差 ΔP；在旋合长度内有 n 个螺距，故螺距累积偏差为 $\Delta P_{\sum}$。由于 $\Delta P_{\sum}$ 的存在，使内、外螺纹牙侧产生干涉而不能旋合。为了保证旋合性，可将外螺纹的中径减小至图 7 - 20(a) 中粗实线位置（或使内螺纹的中径增大）。由图 7 - 20(b) 中 $\triangle ABC$ 可得出中径的减小量（或内螺纹中径的增大量）f_P 值，f_P 称为螺纹累积偏差的中径当量。f_P 值与 $\Delta P_{\sum}$ 的关系由 $\triangle ABC$ 得出，即

$$f_P = |\Delta P_{\sum}| \cot \frac{\alpha}{2}。$$

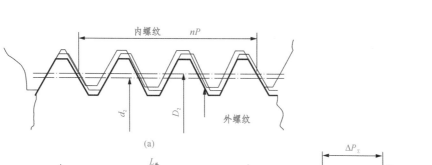

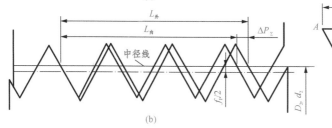

图 7-20　螺距累积误差对旋合性的影响

对于牙型角 $\alpha = 60°$ 的普通螺纹，则有

$$f_P = 1.732 \mid \Delta P_{\sum} \mid 。$$

3. 牙型半角误差的影响

牙型半角偏差是指牙型半角的实际值与公称值的差值，主要是由加工刀具的制造误差和安装误差造成的。牙型半角偏差可使内、外螺纹结合时发生干涉，影响旋合性，并使螺纹接触面积减少、加快磨损，从而降低联结的可靠性。

如图 7-21 所示，设内螺纹具有理想牙型，外螺纹的中径（单一中径）及螺距与内螺

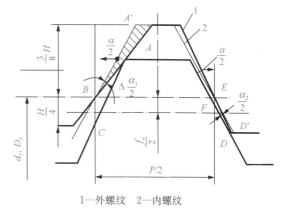

1—外螺纹　2—内螺纹

图 7-21　牙型半角偏差对旋合性的影响

纹相同，但牙型半角有误差，且外螺纹左侧牙型半角偏差 $\Delta \dfrac{\alpha_1}{2}$ 为负值，右侧牙型半角偏差

$\Delta \dfrac{\alpha_2}{2}$ 为正值，则在螺纹中径上方的左侧和中下方的右侧产生干涉不能旋合。要使内、外螺纹能顺利旋合，必须将外螺纹的中径减小一个数值（或将内螺纹中径增大），其减小量（或内螺纹中径的增大量）用 f_α 表示，f_α 称为牙型半角误差的中径（单一中径）当量。

由图 7-21 中的 $\triangle ABC$ 和 $\triangle DEF$ 可以看出，由于左、右侧牙型半角分别小于和大于牙型半角公称值，即左、右侧牙型半角偏差分别为负值和正值，则两侧干涉部位的位置不同，左侧干涉部位在牙顶处，右侧干涉部位在牙根处。通常中径当量取平均值，即

$$f_\alpha / 2 = (BC + EF)/2 。$$

根据任意三角形正弦定理，考虑到左、右牙型半角可能出现的各种情况，以及必要的单

位换算,可推导出如下的通用公式,即

$$f_\alpha = 0.073P\left(K_1\left|\Delta\frac{\alpha_1}{2}\right| + K_2\left|\Delta\frac{\alpha_2}{2}\right|\right)\quad(\mu\mathrm{m})。$$

式中,P 为螺距(mm);$\Delta\dfrac{\alpha_1}{2}$,$\Delta\dfrac{\alpha_2}{2}$ 为左、右牙型半角偏差(′)。

当 $\Delta\dfrac{\alpha_1}{2}$(或 $\Delta\dfrac{\alpha_2}{2}$)$>0$ 时,在 $\dfrac{2}{8}H$ 处发生干涉,K_1(或 K_2)取 2(对内螺纹取 3);当 $\Delta\dfrac{\alpha_1}{2}$(或 $\Delta\dfrac{\alpha_2}{2}$)$<0$ 时,在 $\dfrac{3}{8}H$ 处发生干涉,K_1(或 K_2)取 3(对内螺纹取 2)。

4. 中径总公差与作用中径

(1)中径总公差　螺纹加工时,影响螺纹互换性的 3 个主要参数:中径、螺距、牙型半角的误差同时存在。如前所述,由于螺距误差和牙型半角误差来自加工刀具和机床传动链,不易直接消除,故折算为中径当量,通过减小或增大中径弥补。因此,标准中规定的螺纹中径公差,实际上包含了上述 3 项误差所需要的中径总公差。

(2)作用中径　由于加工后的实际螺纹存在着中径偏差、螺距偏差和牙型半角偏差,因此在分析螺纹的旋合性时,不仅需要考虑螺纹实际中径的大小,还要计及螺距偏差和牙型半角偏差的影响,三者综合影响所形成的中径称为作用中径。

当实际外螺纹存在螺距偏差和牙型半角偏差时,可以与其相结合的具有理想牙型的内螺纹的中径一定比该外螺纹中径要大。在规定的旋合长度范围内,包容的中径称为外螺纹的作用中径 d_{2m},它等于单一中径 d_{2a}、螺纹累积偏差的中径当量 f_P、牙型半角偏差中径当量 f_α 之和,即

$$d_{2m} = d_{2a} + (f_P + f_\alpha)。$$

同理,内螺纹的作用中径 D_{2m} 等于内螺纹的单一中径 D_{2a}、螺纹累积偏差中径当量 f_P、牙型半角偏差中径当量 f_α 之差,即

$$D_{2m} = D_{2a} - (f_P + f_\alpha)。$$

泰勒原则是判断螺纹合格性的一种原则,泰勒原则要求:实际螺纹的作用中径不允许超出其最大实体中径,螺纹任何部位上的单一中径不允许超出其最小实体中径。因此,螺纹中径的合格条件为

对外螺纹　　　$d_{2m} \leqslant D_{2MMC}(d_{2max})$,且 $d_{2s} \geqslant D_{2LMC}(d_{2min})$;

对内螺纹　　　$D_{2m} \geqslant D_{2MMC}(D_{2min})$,且 $D_{2s} \leqslant D_{2LMC}(d_{2max})$。

当用某些测量方法(如在工具显微镜上)测得的是螺纹的实际中径(D_{2a} 或 d_{2a})时,可用实际中径近似代替单一中径(D_{2s} 或 d_{2s})。

7.2.4　普通螺纹的公差与配合

国标 GB197-2003 对普通螺纹的公差等级和基本偏差作了规定。

1. 螺纹的公差带

螺纹公差带是指沿基本的牙侧、牙顶和牙底分布的牙型公差带,按垂直于轴线的方向计

量。同尺寸公差带一样,按螺纹公差的大小等级确定,其位置由基本偏差确定。

（1）公差等级　在普通螺纹国家标准中,按内、外螺纹的中径和顶径公差的大小,分成各种不同的公差等级,其中 6 级为基本级,9 级等级最低,见表 7 - 8、表 7 - 9。

表 7 - 8　螺纹公差等级

螺纹直径	公差等级	螺纹直径	公差等级
内螺纹小径 D_1	4,5,6,7,8	外螺纹大径 d_1	4,6,8
内螺纹中径 D_2	4,5,6,7,8	外螺纹中径 d_2	3,4,5,6,7,8,9

表 7 - 9　普通螺纹中径公差　　　　　　　　　　　　　　（单位:μm）

公称直径 D/mm		螺距 P/mm	内螺纹中径公差 T_{D_2}					外螺纹中径公差 T_{d_2}						
			公差等级					公差等级						
$\geqslant$	$\leqslant$		4	5	6	7	8	3	4	5	6	7	8	9
5.6	11.2	0.5	71	90	112	140	—	42	53	67	85	106	—	—
		0.75	85	106	132	170	—	50	63	80	100	125	—	—
		1	95	118	150	190	236	56	71	90	112	140	180	224
		1.25	100	125	160	200	250	60	75	95	118	150	190	236
		1.5	112	140	180	224	280	67	85	106	132	170	212	295
11.2	22.4	0.5	75	95	118	150	—	45	56	71	90	112	—	—
		0.75	90	112	140	—	—	53	67	85	106	132	—	—
		1	100	125	160	200	250	60	75	95	118	150	190	236
		1.25	112	140	180	224	280	67	85	106	132	170	212	265
		1.5	118	150	190	236	300	71	90	112	140	180	224	280
		1.75	125	160	200	250	315	75	95	118	150	190	236	300
		2	132	170	212	265	335	80	100	125	160	200	250	315
		2.5	140	180	224	280	355	85	106	132	170	212	265	335
22.5	45	0.75	95	118	150	190	—	56	71	90	112	140	—	—
		1	106	132	170	212	—	63	80	100	125	160	200	250
		1.5	125	160	200	250	315	75	95	118	150	190	236	300
		2	140	180	224	280	355	85	106	132	170	212	265	335
		3	170	212	265	335	425	100	125	160	200	250	315	400
		3.5	180	224	280	355	450	106	132	170	212	265	335	425
		4	190	236	300	375	415	112	140	180	224	280	355	450
		4.5	200	250	315	400	500	118	150	190	236	300	375	475

（2）基本偏差　螺纹的基本牙型是确定螺纹偏差的基准。由基本偏差来确定内、外螺纹的公差相对于基本牙型的位置,并规定内螺纹的下偏差(EI)和外螺纹的上偏差(es)为基本偏差。

对内螺纹,规定了 G 和 H 两种基本偏差代号,如图 7 - 22 所示。对外螺纹规定了 e,f,g,h 四种基本偏差代号,如图 7 - 23 所示。

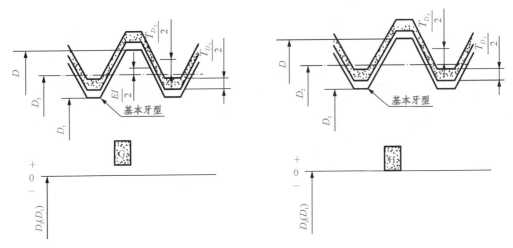

T_{D_1}—内螺纹小径公差　　T_{D_2}—内螺纹中径公差

图 7 - 22　内螺纹的基本偏差

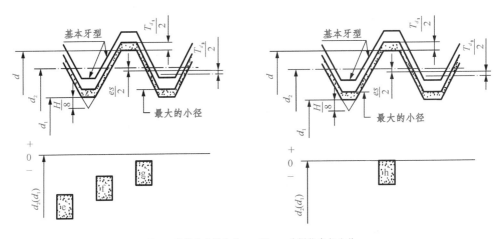

T_{d_1}—外螺纹大径公差　　T_{d_2}—外螺纹中径公差

图 7 - 23　外螺纹的基本偏差

各基本偏差按表 7 - 10 所列公式计算,从而获得基本偏差数值,见表 7 - 11。

表 7 - 10 　基本偏差计算公式　　　　　　　　　　　　　　（单位：μm）

内螺纹		外螺纹	
基本偏差代号	下极限偏差（EI）	基本偏差代号	上极限偏差（es）
G	$+(15+11P)$	e f	$-(50+11P)$ $-(30+11P)$
H	0	g h	$-(15+11P)$ 0

表 7 - 11 　普通螺纹基本偏差数值　　　　　　　　　　　　（单位：μm）

螺距 P /mm	内螺纹的 D_2，D_1 下偏差（EI）		外螺纹的 d_1，d_2 上偏差（es）			
	G	H	e	f	g	h
0.75 0.8 1	+22 +24 +26	0	−56 −60 −60	−38 −38 −40	−22 −24 −26	0
1.25 1.5 1.75	+28 +32 +34		−63 −67 −71	−42 −45 −48	−28 −32 −34	
2 2.5 3	+38 +42 +48		−71 −80 −85	−52 −58 −63	−38 −42 −48	

　　外螺纹大径、中径的下偏差为 $ei = es - T$。内螺纹小径、小径的上偏差为 $ES = EI + T$。

　　标准未对螺纹的底径（D 和 d_1）规定公差值，只规定内、外螺纹牙底实际轮廓上的任何点均不得超出按基本偏差所确定的最大实体牙型（即螺纹量规通端的牙型）。对于内螺纹的大径只规定了下极限尺寸 D_{min}；对于外螺纹的小径 d_1 只规定了上极限尺寸 d_{1max}。这样就保证了 $D_{min} > d_{max}$，$D_{1min} > d_{1max}$，从而由公差等级和基本偏差相结合，就可以组成各种不同的螺纹公差带，供各种用途选用，如 7H，6G，7h，7g 等。

　　2. 旋合长度及螺纹精度

　　螺纹旋合长度对螺纹配合性质有极大影响。因为旋合长度越长，螺距累积误差和螺纹轴线直线度误差就会越大，对螺纹配合的影响也会越大，导致内、外螺纹不能自由旋合。

　　标准将螺纹的旋合长度分为 3 组，分别称为短旋合（S）、中等旋合（N）和长旋合（L）。一般情况下，采用中等旋合长度完全能够满足使用要求，而 L 和 S 只在必要和特殊情况下才采用。粗牙普通螺纹的中等旋合长度值约为 $(0.5 \sim 1.5)d$，具体长度值见表 7 - 12。螺纹的旋合长度与螺纹精度密切相关。即螺纹的精度不仅取决于螺纹的公差等级，而且与螺纹的旋合长度有关。一方面在一定的旋合长度上，公差等级数越小，加工的难度就越大，则螺纹的

精度越高;另一方面,螺纹精度还与旋合长度有关,在相同公差等级条件下,旋合长度愈长,则螺纹的加工难度越大。

表 7-12　螺纹旋合长度 (单位:mm)

公称直径 (D, d)		螺距 (P)	旋合长度			
			S		N	
>	≤		≤	>	≤	>
5.6	11.2	0.75	2.4	2.4	7.1	7.1
		1	3	3	9	9
		1.25	4	4	12	12
		1.5	5	5	15	15
11.2	22.4	1	3.8	3.8	11	11
		1.25	4.5	4.5	13	13
		1.5	5.6	5.6	16	16
		1.75	6	6	18	18
		2	8	8	24	24
		2.5	10	10	30	30

3. 螺纹公差配合的选用

　　各种内、外螺纹的公差带可以组合成各种不同的配合,在生产中,为了减少加工刀具和量具的规格及数量,标准规定了内、外螺纹的选用公差带,见表 7-13。

表 7-13　普通螺纹的选用公差带

精度等级	内螺纹公差带			外螺纹公差带		
	S	N	L	S	N	L
精密	4H	4H5H	5H6H	(3h4h)	4h*	5h4h
中等	5H (5G)	6H*,** (6G)	7H* (7G)	(5h6h) (5g6g)	6h* 6f* 6g*,** 6e*	(7h6h) (7g6g)
粗糙	—	7H (7G)	—		(8h) 8g	—

注:① 带 * 的公差应优先使用,不带 * 的公差次之,加()的公差带尽可能不用。
　　② 大量生产的精制固件螺纹,推荐采用 ** 的公差带。

　　标准中将螺纹精度等级分为精密、中等和粗糙 3 级。精密级一般用于精密螺纹和要求配合性质稳定以及保证定位精度的螺纹,如飞机和宇航器的螺纹联结常用 4h, 4H 和 5H 等;中等级广泛用于一般用途的螺纹,如普通机床和汽车上的螺纹联结常用 6H, 6h 和 6g 等;粗糙级用于要求不高或制造较困难的螺纹,如热轧棒料加工中的螺纹或较深的不通孔螺纹。

　　表中列出了 11 种螺纹公差带和 13 种外螺纹公差带,它们可以任意组合成各种配合。国标推荐优先采用 H/g, H/h, G/h 的配合。对于大批量生产的螺纹,为了拆装方便,应采

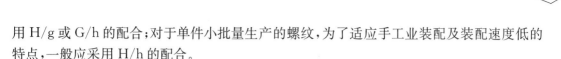

用 H/g 或 G/h 的配合;对于单件小批量生产的螺纹,为了适应手工业装配及装配速度低的特点,一般应采用 H/h 的配合。

4. 螺纹表面粗糙度

除了尺寸精度之外,标准还对螺纹牙侧的表面粗糙度作了规定,其表面粗糙度主要根据螺纹中径的公差等级来确定,见表 7 - 14。

表 7 - 14 螺纹牙侧表面粗糙度 Ra 的推荐值　　　　　(单位: μm)

工件	螺纹中径公差等级		
	4, 5	6, 7	7, 8, 9
	Ra 不大于		
螺栓、螺钉、螺母	1.6	3.2	3.2 ~ 6.3
轴及套上的螺纹	0.8 ~ 1.6	1.6	3.2

5. 螺纹标记

完整的螺纹标记由螺纹代号、公差代号和旋合长度代号所组成,各代号间用"-"分开。螺纹代号用"M"和公称直径×细牙螺距(粗牙不注)及螺纹旋向(右旋不注)表示;螺纹公差带代号包括中径公差带和顶径公差带代号;螺纹旋合长度用 S 或 L 表示(中等旋合不注,特殊长度直接注)。例如,M10×1 左- 5H6H - L,M20 - 7g6g - 40。

内、外螺纹装配在一起时,其公差带代号用斜线分开,左边表示内螺纹公差带代号,右边表示外螺纹公差带代号。例如,M10 - 5H6H/6h。

7.2.5 普通螺纹的检测

螺纹的测量可分为综合测量与单项测量两类。

1. 单项测量

单项测量,就是每次只检测螺纹的某一个参数。在生产中,有时为了对螺纹的加工工艺进行分析,找出影响产品质量的原因,对普通螺纹各参数也分别进行检测。螺纹的单项测量方法和手段很多,目前应用较多的是用螺纹千分尺测量外螺纹中径、利用三针法测量螺纹中径和在工具显微镜上测量螺纹各参数。

(1)螺纹千分尺测量外螺纹中径 螺纹千分尺的构造和外径千分尺相似,差别仅在于两个测量头的形状。螺纹千分尺的测量头做成和螺纹牙型相吻合的形状,如图 7 - 24 所示。即一个为 V 形测量头,与牙型凸起部分相吻合;另一个为圆锥形测量头,与牙型沟槽相吻合。由于测量头是根据标准牙型角和标准螺距制造的,当被测工件存在牙型半角和螺距误差时,测量头与工件不能很好接触,因此测量误差较大,故螺纹千分尺只能用于精度较低的外螺纹测量。

(2)三针法测量螺纹单一中径 三针法是一种间接测量法。如图 7 - 25 所示,将 3 根直径相等的精密量针放在被测螺纹槽中,用接触试量仪或测微量具测出尺寸 M,根据已知的螺

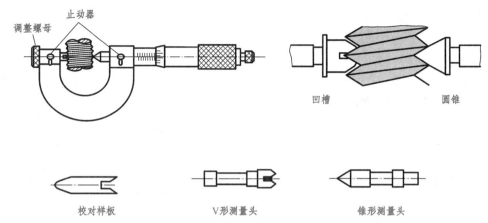

凹槽　　　　　　　　　　圆锥

校对样板　　　　　　V形测量头　　　　　　锥形测量头

图 7 – 24　螺纹千分尺

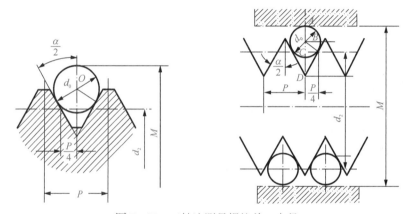

图 7 – 25　三针法测量螺纹单一中径

距 P、牙型半角 $\alpha/2$ 和直径 d_0，可计算出螺纹单一中径 d_2，即

$$d_2 = M - 2AC = M - 2(AD - CD)。$$

其中，　　　$AD = AB + BD = \dfrac{d_0}{2} + \dfrac{d_0}{2\sin\frac{\alpha}{2}} = \dfrac{d_0}{2}\left[1 + \dfrac{1}{\sin\frac{\alpha}{2}}\right]$，$CD = \dfrac{P}{4}\cot\dfrac{\alpha}{2}$。

代入得　　　$d_2 = M - d_0\left[1 + \dfrac{1}{\sin\frac{\alpha}{2}}\right] + \dfrac{P}{2}\cot\dfrac{\alpha}{2}$。

　　　对于公制螺纹　　$\alpha = 60°$，$d_2 = M - 3d_0 + 0.866P$；

　　　对于梯形螺纹　　$\alpha = 30°$，$d_2 = M - 4.863d_0 + 1.866P$。

式中，d_0 为三针直径；d_2 是螺纹单一中径。

　　　三针法最大优点就是测量精度高，应用方便。三针精度有 0，1 两级。

2. 综合测量

综合测量的实质是用螺纹的公差带(极限轮廓)控制螺纹各参数误差,综合形成的实际轮廓。综合测量一次能同时检测螺纹几个参数。

综合测量的主要量具是螺纹极限量规。用螺纹极限量规进行检验,只能判断螺纹是否合格,而不能给出各参数的具体数值,但由于此种检验方法具有效率高、操作简便等特点,故广泛用于大批量生产中。图 7 - 26 所示为检验外螺纹的螺纹环规及光滑环规(或卡规)的示意图,图 7 - 27 所示为检验内螺纹的螺纹塞规及光滑塞规示意图,图中内、外螺纹的阴影部分为螺纹的公差带。

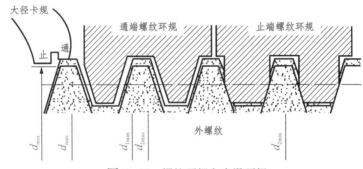

图 7 - 26　螺纹环规和光滑环规

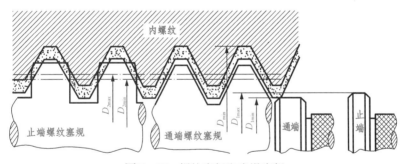

图 7 - 27　螺纹塞规和光滑塞规

7.2.6　螺纹配合应用实例

图 7 - 16 所示的一级直齿圆柱齿轮减速器,已知传递的功率 $P = 5$ kW,转速 $n_1 = 960$ r/min,稍有冲击。根据工况条件,选择箱体联结处相互配合螺纹(螺栓 7 和箱体螺纹孔)的公差等级、公差带、旋合长度和螺纹精度等级、螺纹牙齿表面粗糙度、螺纹检测方法。

根据减速器输出轴的工况条件,采用类比法,参考表 7 - 8、表 7 - 9、表 7 - 12～表 7 - 14,分别选择:相互配合处为普通粗牙螺纹;内、外螺纹公差等级为 6 级,内螺纹的中径和顶径公差带代号均为 6H,外螺纹的中径和顶径公差带代号均为 6g;中等旋合长度;中等螺纹精度等级;螺纹牙齿表面粗糙度 Ra 值不允许大于 3.2 μm;采用螺纹极限量规测量。

7-1 平键联结中,键宽与键槽宽的配合采用的是哪种基准制? 为什么?

7-2 平键联结的配合种类有哪些? 它们分别应用于什么场合?

7-3 什么叫矩形花键的定心方式? 有哪几种定心方式? 国标为什么规定只采用小径定心?

7-4 矩形花键联结的配合种类有哪些? 各适用于什么场合?

7-5 影响花键联结的配合性质有哪些因素?

7-6 试说明下列螺纹标注中各代号的含义:

(1) M24-7H;　　(2) M36×2-5g6g-S;　　(3) M30×2-6H/5g6g-L。

学习情境 8

圆锥的公差与检测

● 项目内容

◇ 圆锥的公差与检测。

● 学习目标

◇ 了解圆锥配合的特点、种类、基本参数;

◇ 了解圆锥的公差、检测及工程应用;

◇ 培养严谨的设计计算以及检测态度、质量意识、责任意识。

● 能力目标

◇ 学会根据机器和零件的功能要求,选用合适的圆锥公差配合。

● 知识点与技能点

◇ 圆锥配合的基本定义及其代号;

◇ 圆锥配合种类、使用要求;

◇ 圆锥几何参数偏差对圆锥配合的影响;

◇ 圆锥的公差与检测。

任 务 引 入

与圆柱体配合相比,圆锥体配合具有什么优、缺点? 工程上,什么场合常采用圆锥体配合? 圆锥配合有什么种类、使用要求? 如何给定和检测圆锥公差?

图 8-1 为图 4-1 所示一级直齿圆柱齿轮减速器输入轴系结构图,根据工况条件,要求减速器输入轴与联轴器的配合对中性好、间隙可以调整、密封性好,选择减速器输入轴与联轴器配合类型。

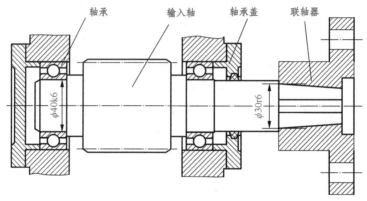

轴承　　输入轴　　轴承盖　　联轴器

$\phi 40k6$　　$\phi 30r6$

图 8-1　一级直齿圆柱齿轮减速器输入轴系结构

相 关 知 识

8.1　圆　锥　配　合

圆锥配合是机器、仪器及工具结构中常用的配合,如工具圆锥与机床主轴的配合是最典型的实例。如图 8-2 所示,在圆柱体间隙配合中,孔与轴的轴线间有同轴度误差;但在圆锥体结合中,只要使内、外圆锥沿轴线作相对移动,就可以使间隙减小,甚至产生过盈,从而消除同轴度误差。

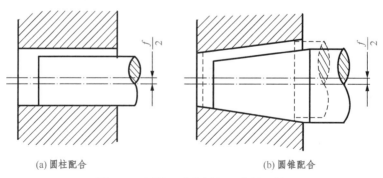

$\dfrac{f}{2}$　　　　$\dfrac{f}{2}$

(a) 圆柱配合　　　　　　　　　(b) 圆锥配合

图 8-2　圆柱配合与圆锥配合的比较

圆锥配合与圆柱配合相比较,具有如下特点。

(1) 对中性好　相配的内、外圆锥在轴向力的作用下,能自动对准中心,保证内、外圆锥轴线具有较高的同轴度,且装拆方便。

(2) 间隙或过盈可以调整　配合间隙或过盈的大小可以通过内、外圆锥的轴向相对移动来调整。

(3) 密封性好　内、外圆锥表面经过配对研磨后,配合起来具有良好的自锁性和密封性。

圆锥配合虽然有以上优点,但它与圆柱配合相比,影响互换性的参数比较复杂,加工和检测也较麻烦,故应用不如圆柱配合广泛。

8.1.1　圆锥配合的基本定义及其代号

圆锥配合中的基本参数包括圆锥直径、圆锥长度、圆锥配合长度、圆锥角、圆锥素线角、锥度和基面距,如图 8-3 所示。

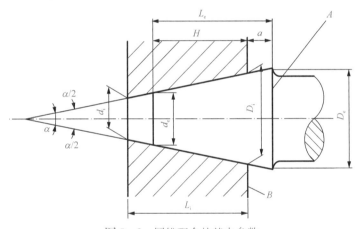

图 8-3　圆锥配合的基本参数

(1) 圆锥直径　圆锥直径指与圆锥轴线垂直的截面内的直径,即内、外圆锥的最大直径 D_i、D_e,内、外圆锥的最小直径 d_i、d_e,任意给定截面圆锥直径 d_x(距端面的距离为 x)。设计时,一般选用内圆锥的最大直径或外圆锥的最小直径作为基本直径。

(2) 圆锥长度　圆锥长度指圆锥的最大直径与其最小直径之间的距离。内、外圆锥长度分别用 L_i、L_e 表示。

(3) 圆锥配合长度　圆锥配合长度指内、外圆锥配合面的轴向距离,用符号 H 表示。

(4) 圆锥角　圆锥角指在通过圆锥轴线的截面内,两条素线间的夹角,用符号 α 表示。内圆锥用 α_i 表示,外圆锥角用 α_e 表示。相互结合的内、外圆锥,其基本圆锥角是相等的。

(5) 圆锥素线角　圆锥素线角指圆锥素线与其轴线的夹角,它等于圆锥角之半,即 $\alpha/2$。

(6) 锥度　锥度指圆锥的最大直径与最小直径之差与圆锥长度之比,用符号 C 表示。

即 $C = \dfrac{D-d}{L} = 2\tan\dfrac{\alpha}{2}$。锥度常用比例或分数表示，如 $C = 1 : 20$ 或 $C = 1/20$。

（7）基面距

基面距指相互结合的内、外圆锥基准面间的距离，用符号 a 表示。

8.1.2　圆锥配合的种类

圆锥配合可分为间隙配合、紧密配合、过盈配合 3 种，相互配合的内、外圆锥公称尺寸应相同。

（1）间隙配合　这类配合具有间隙，而且在装配和使用过程中间隙大小可以调整。常用于有相对运动的机构中，如某些车床主轴的圆锥轴颈与圆锥滑动轴承衬套的配合。

（2）紧密配合（也称过渡配合）　这类配合很紧密，间隙为零或略小于零。主要用于定心或密封场合，如锥形旋塞、发动机中的气阀与阀座的配合等。通常要将内、外锥成对研磨，故这类配合一般没有互换性。

（3）过盈配合　这类配合具有过盈，它能借助于相互配合的圆锥面间的自锁，产生较大的摩擦力来传递转矩，如钻头（或铰刀）的圆锥柄与机床主轴圆锥孔的配合、圆锥形摩擦离合器中的配合等。

圆锥配合的间隙或过盈可由内、外圆锥的相对轴向位置进行调整，得到不同的配合性质。

8.1.3　圆锥配合的使用要求

（1）应有适当的间隙或过盈　圆锥配合应根据使用要求有适当的间隙或过盈，间隙或过盈是在垂直于圆锥表面方向起作用，但按垂直于圆锥轴线方向给定并测量。对于锥度小于或等于 1∶3 的圆锥，两个方向的数值差异很小，可忽略不计。

（2）间隙或过盈应均匀　即接触均匀性。要求内、外圆锥的锥度大小尽可能一致，使各截面间的配合间隙或过盈大小均匀，提高配合的紧密程度。为此应控制内、外锥角偏差和形状误差。

（3）基面距应控制　有些圆锥配合要求实际基面距控制在一定范围内。因为当内、外圆锥长度一定时，基面距太大，会使配合长度减小，影响结合的稳定性和传递转矩；若基面距太小，则补偿圆锥表面磨损的调节范围就会减小。为此，要求圆锥配合不仅锥度一致，而且各截面上的直径必须具有一定的配合精度。

8.1.4　锥度与锥角系列

为了减少加工圆锥工件所用的专用刀具、量具种类和规格，国标规定了一般用途圆锥的锥度和锥角系列，以及特殊用途圆锥的锥度和锥角系列，设计时应从标准系列中选用标准锥角 α 或标准锥度 C。表 8 - 1 为一般用途的锥角与锥度系列，表 8 - 2 为特殊用途的锥角与锥度系列。

表 8‑1　一般用途圆锥的锥度和锥角

基本值		推算值		应用举例
系列 1	系列 2	锥角 α	锥度 C	
120°			1：0.288 675	节气阀、汽车、拖拉机阀门
90°			1：0.500 000	重型顶尖、重型中心孔、阀的阀销锥体
	75°		1：0.651 613	埋头螺钉、小于 10 mm 的丝锥
60°			1：0.866 025	顶尖、中心孔、弹簧夹头、埋头钻、埋头
45°			1：1.207 107	与半埋头铆钉
30°			1：1.866 025	摩擦轴节、弹簧卡头、平衡块
1：3		18°55′28.7″	18.924 644°	受力方向垂直于轴线、易拆开的联结
	1：4	14°15′0.1″	14.250 033°	受力方向垂直于轴线的联结
1：5		11°25′16.3″	11.421 186°9.52	
	1：6	9°31′38.2″	7 283°8.171 234°	锥形摩擦离合器、磨床主轴重型机床
	1：7	8°10′16.4″	7.152 669°	主轴
	1：8	7°9′9.6″	5.724 810°	
1：10		5°43′29.3″	4.771 888°	
	1：12	4°46′18.8″	3.818 305°	受轴向力和扭转力的联结处、主轴承
	1：15	3°49′5.9″	2.864 192°	受轴向力、调节套筒
1：20		2°51′51.1″	1.906 82°	
1：30		1°54′34.9″	1.432 320°	主轴齿轮联结处、受轴向力之机件联
	1：40	1°25′56.4″	1.145 877°	结处，如机车十字头轴
1：50		1°8′45.2″	0.572 953°	机床主轴、刀具刀杆的尾部、锥形铰刀芯轴
1：100		0°34′22.6″	0.286 478°	锥形铰刀、套式铰刀、扩孔钻的刀杆、
1：200		0°17′11.3″	0.114 592°	主轴颈
1：500		0°6′52.5″		锥销、手柄端部、锥形铰刀、量具尾部
				受震及静变负载不拆开的联结件，如
				芯轴等
				导轨镶条，受震及冲击负载不拆开的
				联结件

表 8‑2　特殊用途的锥角与锥度系列

基本值	推算值		用途
	锥角 α	锥度 C	
7：24	16°35′39.4″	16.594 290°	1：3.428 571	机床主轴、工具配合
1：9	6°21′34.8″	6.359 660°	—	电池接头
1：19.002	3°0′52.4″	3.014 554°	—	莫氏锥度 No5
1：19.180	2°59′11.7″	2.986 590°	—	莫氏锥度 No6
1：19.212	2°58′53.8″	2.981 618°	—	莫氏锥度 No0
1：19.254	2°58′30.4″	2.975 117°	—	莫氏锥度 No4
1：19.922	2°52′31.4″	2.875 402°	—	莫氏锥度 No3
1：20.020	2°51′40.8″	2.861 332°	—	莫氏锥度 No2
1：20.047	2°51′26.9″	2.857 480°	—	莫氏锥度 No1

8.2 圆锥几何参数偏差对圆锥配合的影响

加工内、外圆锥时,会产生直径、圆锥角和形状误差。它们反映在圆锥配合中,将造成基面距误差和配合表面接触不良。

8.2.1 圆锥直径偏差对基面距的影响

设以内圆锥最大直径为基本直径,基面距的位置在大端。若内、外圆锥角和形状均不存在误差,只有内、外圆锥直径误差(ΔD_i,ΔD_e),如图8-4所示。显然,圆锥直径误差对相互配合的圆锥面间接触均匀性没有影响,只对基面距有影响。此时,基面距误差为

$$\Delta a = -(\Delta D_i - \Delta D_e)/2\tan(\alpha/2) = -(\Delta D_i - \Delta D_e)/C。$$

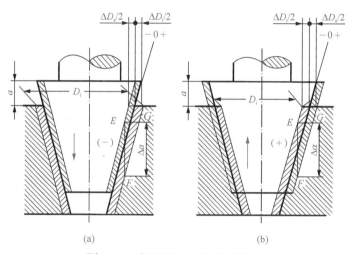

图8-4 直径误差对基面距的影响

由图8-4(a)可知,当$\Delta D_i > \Delta D_e$时,$\Delta D_i - \Delta D_e$的差值为正,则基面距a"减小",即Δa为负值;同理,由图8-4(b)可知,当$\Delta D_i < \Delta D_e$时,$\Delta D_i - \Delta D_e$的差值为负,则基面距a"增大",即Δa为正值。Δa与差值$\Delta D_i - \Delta D_e$的符号是相反的,故式子带有负号。

8.2.2 圆锥角偏差对基面距的影响

设以内圆锥最大直径为基本直径,基面距位置在大端,内、外圆锥直径和形状都没有误差,只有圆锥角有误差$\Delta \alpha_i$和$\Delta \alpha_e$,且$\Delta \alpha_i \neq \Delta \alpha_e$,如图8-5所示。现分两种情况进行讨论。

(1) 内圆锥的锥角α_i小于外圆锥的锥角α_e 即$\alpha_i < \alpha_e$,此时内圆锥的最小圆锥直径增大,外圆锥的最小直径减小,如图8-5(a)所示。于是内、外圆锥在大端接触,由此引起的基面距变化很小,可以忽略不计。但由于内、外圆锥在大端局部接触,接触面积小,将使磨损加剧,且可能导致内、外圆锥相对倾斜,影响其使用性能。

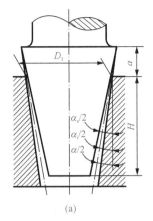 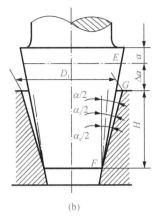

图 8-5　圆锥角误差对基面距的影响

（2）内圆锥的锥角 α_i 大于外圆锥的锥角 α_e　即 $\alpha_i > \alpha_e$，如图 8-5(b)所示，圆锥与外圆锥将在小端接触，若锥角误差引起的基面距增大量为 Δa，可有

$$\Delta a \approx \frac{0.000\,6H(\alpha_i/2 - \alpha_e/2)}{C},$$

式中 Δa 和 H 单位为 mm，α_i 和 α_e 单位为分$(')$。

实际上直径误差和圆锥角误差同时存在，它们对基面距的综合影响如下：

1）当 $\alpha_i < \alpha_e$ 时，圆锥角误差对基面距的影响很小，可以忽略，故只存在直径误差的影响。

2）当 $\alpha_i > \alpha_e$ 时，直径误差和圆锥角误差对基面距的影响同时存在，其最大的可能变动量为

$$\Delta a = \frac{1}{C}\left[(\Delta D_e - \Delta D_i) + 0.000\,6H(\alpha_i/2 - \alpha_e/2)\right]。$$

上式在圆锥结合中，可以表达直径与圆锥角之间的关系。根据基面距允许变动量的要求，在确定圆锥角和圆锥直径误差时，通常按工艺条件选定一个参数的公差，再计算另一个公差。

若基面距位置在小端，也可推导出直径误差、圆锥角误差对基面距综合影响的计算公式。

8.2.3　圆锥形状误差对配合的影响

圆锥形状误差，是指在任一轴向截面内圆锥素线直线度误差和任一横向截面内的圆度误差，它们主要影响其配合表面的接触精度。对间隙配合，使其配合间隙大小不均匀；对过盈配合，由于接触面积减少，使传递扭矩减小，联结不可靠；对紧密配合，影响其密封。

综上所述,圆锥直径、锥角和形状误差,将影响轴向位移或配合性质。为此,在设计时对其应规定适当的公差或极限偏差。

8.3 圆 锥 公 差

8.3.1 圆锥公差项目

(1) 圆锥直径公差 T_D 圆锥直径公差 T_D 是指圆锥直径允许的变动量。它适用于圆锥全长,其公差带为两个极限圆锥所限定的区域。极限圆锥是最大、最小极限圆锥的统称,它们与基本圆锥共轴且圆锥角相等,在垂直于轴线的任意截面上两圆锥的直径差相等,如图 8-6 所示。

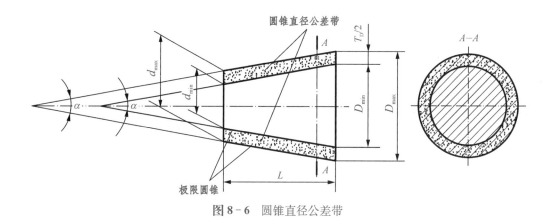

图 8-6 圆锥直径公差带

为了统一公差标准,圆锥直径公差带的标准公差和基本偏差都没有专门制定标准,而是以基本圆锥直径(一般取最大圆锥直径 D)为公称尺寸,从光滑圆柱体的公差标准中选取。

(2) 圆锥角公差 AT 圆锥角公差 AT 是指圆锥角的允许变动量,如图 8-7 所示。以弧度或角度为单位时,用 $AT\alpha$ 表示;以长度为单位时,用 AT_D 表示。在圆锥轴向截面内,由最大和最小极限圆锥所限定的区域为圆锥角公差带。

圆锥角公差共分 12 个等级,其中 AT1 精度最高,其余依次降低。AT1~AT6 级用于角度量块、高精度的角度量规及角度样板。AT7,AT8 级用于工具锥体、锥销、传递大扭矩的摩擦锥体。AT9,AT10 级用于中等精度的圆锥零件。AT10~AT12 级用于低精度的圆锥零件。

表 8-3 列出了 AT5~AT8 级圆锥角公差数值。表中,在每一基本圆锥长度 L 的尺寸段内,当公差等级一定时,为一定值,对应的 AT_D 随长度不同而变化。

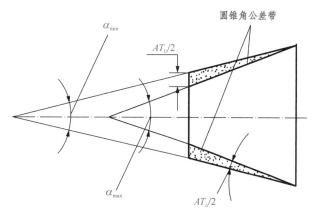

图 8 - 7　圆锥角公差带

表 8 - 3　锥角公差 AT_α 和 AT_D 的数值

圆锥长度 L/mm		锥角公差等级											
		AT5			AT6			AT7			AT8		
		$AT\alpha$		AT_D	$AT\alpha$		AT_D	$AT\alpha$		AT_D	$AT\alpha$		AT_D
大于	到	μrad	分、秒	μm	μrad	分、秒	μm	μrad	分、秒	μm	μrad	分、秒	μm
16	25	200	41″	3.2～5	315	1′05″	5～8	500	1′43″	8～12.5	800	2′45″	12.5～20
25	40	160	33″	4～6.3	250	52″	6.3～10	400	1′22″	10～16	630	2′10″	16～25
40	63	125	26″	5～8	200	41″	8～12.5	315	1′05″	12.5～20	500	1′43″	20～32
63	100	100	21″	6.3～10	160	33″	10～16	250	52″	16～25	400	1′22″	25～40
100	160	80	16″	8～12.5	125	26″	12.5～20	200	41″	20～32	315	1′05″	32～50
160	250	63	13″	10～16	100	21″	16～25	160	33″	25～40	250	52″	40～63

　　一般情况下,可不必规定圆锥角公差,而是将实际圆锥角控制在圆锥直径公差带内。如果对圆锥角公差要求更高时(例如圆锥量规等),除了规定其直径公差 T_D 外,还给定圆锥角公差 AT。圆锥角的极限偏差可按单向或双向(对称或不对称)取值。

　　(3) 圆锥的形状公差 T_F　圆锥的形状公差包括素线直线度公差和圆度公差等。对于要求不高的圆锥工件,其形状误差一般也用直径公差 T_D 控制。对于要求较高的圆锥工件,应单独按要求给定形状公差 T_F,T_F 的数值从"形状和位置公差"国家标准中选取。

　　(4) 给定截面圆锥直径公差 T_{DS}　给定截面圆锥直径公差 T_{DS},是指在垂直于圆锥轴线的给定截面内圆锥直径的允许变动量。它仅适用于该给定截面的圆锥直径,其公差带是在给定的截面内两同心圆所限定的区域,如图 8 - 8 所示。

8.3.2　圆锥公差的给定方法

　　对于一个具体的圆锥工件,并不都需要给定上述 4 项公差,而是根据工件使用要求来提出公差项目。以下是两种国标中规定的圆锥公差的给定方法。

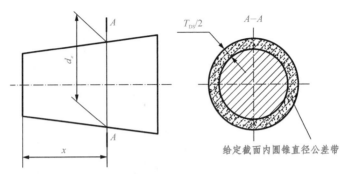

图 8-8　给定截面圆锥直径公差带

（1）基本锥度法　只给出圆锥直径公差 T_D，圆锥角为圆锥的理论正确圆锥角 α（或锥度 C），由 T_D 确定两个极限圆锥。此时，圆锥角误差和圆锥的形状误差均应在极限圆锥所限定的区域内，如图 8-9 所示。图 8-9(a)为该给定方法的标注示例，8-9(b)为其公差带。

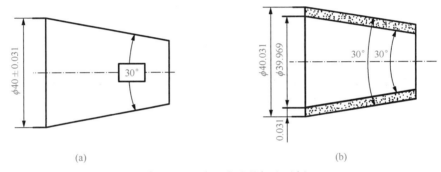

(a)

(b)

图 8-9　基本锥度法的标注示例

当对圆锥角公差、形状公差有更高要求时，可再给出圆锥角公差 AT、形状公差 T_F。此时，AT，T_F 仅占 T_D 的一部分。

此种给定公差的方法通常运用于有配合要求的内、外圆锥。

（2）公差锥度法　同时给出给定截面（最大或最小）圆锥直径公差 T_{DS} 和圆锥角公差 AT。此时，T_{DS} 和 AT 是独立的，应分别满足，如图 8-10 所示。其中，图 8-10(a)为该给

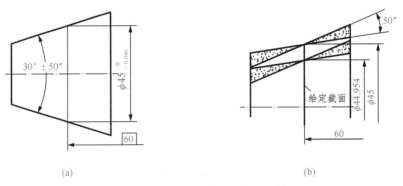

(a)

(b)

图 8-10　公差锥度法的标注示例

定方法的标注示例,图 8 - 10(b)为其公差带。

当对形状公差有更高要求时,可再给出圆锥的形状公差。

此种方法通常运用于对给定圆锥截面直径有较高要求的情况。例如,某些阀类零件中,两个相互接合的圆锥在规定截面上要求接触良好,以保证密封性。

8.4　圆　锥　的　检　测

8.4.1　比较测量

圆锥比较测量法常用的量具有圆锥量规。圆锥量规用于检验成批生产的内、外圆锥的锥度和基面距偏差,分为圆锥塞规和套规,有莫氏和公制两种,结构如图 8 - 11(a)所示。由于圆锥结合时一般的锥角公差比直径公差要求高,所以用量块检验时,首先检验锥度。在量规上沿母线方向薄薄涂上两三条显示剂(红丹),然后轻轻地和工件对研转动,根据着色接触情况判断锥角偏差。对于圆锥塞规,若均匀地被擦去,说明圆锥角合格。其次,用圆锥量规检验基面距偏差,当基面处于圆锥量规相距 Z 的两条刻线之间时,即为合格,如图 8 - 11(b)所示。

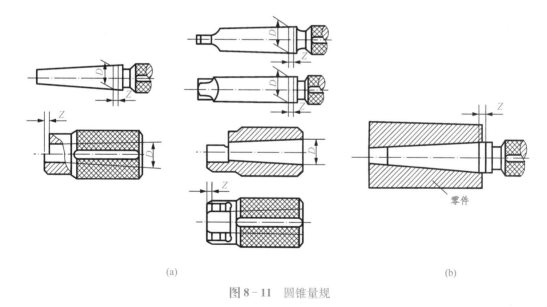

(a)　　　　　　　　　　　　　　　　　　　(b)

图 8 - 11　圆锥量规

8.4.2　间接测量法

间接测量法是指用圆球、圆柱、平板或正弦规等量具测量与被测角度或锥度有一定函数关系的线性尺寸,然后,通过函数关系计算出被测角度或锥度值。

（1）用正弦规测量　正弦规是锥度测量常用的器具，是一种采用正弦函数原理、利用间接法来精密测量角度的量具。它的结构简单，主要由主体工作平板和两个直径相同的圆柱组成，如图 8-12 所示。为了便于被检工件在平板表面上定位和定向，装有侧挡板和后挡板。

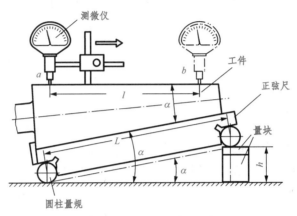

图 8-12　正弦规测量锥角

正弦规分宽型和窄型，两圆柱中心距离 L 为 100 mm 和 200 mm 两种。中心距 100 mm 的极限偏差仅为 ±0.003 mm 或±0.002 mm，工作平面的平面度精度，以及两个圆柱的形状精度和它们之间的相互位置精度都很高，适用于测量圆锥角小于 30°的锥度。

测量前，按公式 $h = L\sin\alpha$ 计算量块组的高度 h（α 为公称圆锥角；L 为正旋规两圆柱的中心距离），然后按图 8-12 所示进行测量。如果被测角度有偏差，则 a，b 两点的示值必有 Δh，从而可计算出锥度偏差。

在实际应用中，先根据计算的 h 值组合量块，垫在正弦尺圆柱的下方，此时正弦尺的工作面和量块的夹角为 α；然后将被测工件放在正弦尺的工作面上，如果被测工件的圆锥角等于公称圆锥角，则指示表在 a，b 两点的示值相同。反之，a，b 两点的示值有一差值 Δh。当 $\alpha' > \alpha$ 时，$a - b = +\Delta h$；若 $\alpha' < \alpha$ 时，$a - b = -\Delta h$（α' 为工件的实际圆锥角）。因此

$$\tan\Delta\alpha = \Delta h / l,$$

其中 l 为 a，b 两点间距离。

正弦规常用的精度等级为 0 级和 1 级，其中 0 级的精度较高。

（2）用圆球和圆柱测量

1）内圆锥的测量：用精密钢球和精密量柱（滚柱）也可以间接测量圆锥角度。如图 8-13 所示为用两球测量内锥角的例子。已知大、小球的直径分别为 D_0 和 d_0，测量时，先将小球放入测出 H，再将大球放入测量出 h，则内圆锥锥角 α 可按下式求得，即

$$\sin\frac{\alpha}{2} = (D_0 - d_0)/[2(H - h) + d_0 - D_0].$$

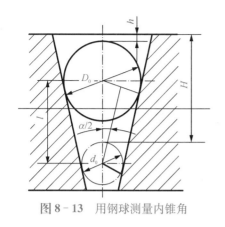

图 8 - 13　用钢球测量内锥角

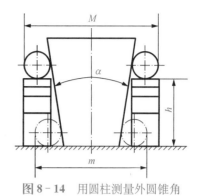

图 8 - 14　用圆柱测量外圆锥角

2) 外圆锥的测量:如图 8 - 14 所示,可用滚柱量块组测量外圆锥。先将两尺寸相同的滚柱夹在圆锥的小端处测得 m 值,再将这两个滚柱放在尺寸组合相同的量块上测得 M 值,则外圆锥角 α 可按下式算出,即

$$\tan\frac{\alpha}{2} = (M - m)/2h。$$

8.5　工程应用实例

图 4 - 1 所示的一级直齿圆柱齿轮减速器输入轴系结构如图 8 - 1 所示,根据工况条件,要求减速器输入轴与联轴器的配合对中性好、间隙可以调整、密封性好。试选择减速器输入轴与联轴器的配合形式,选择锥度的检测方法。

根据减速器的使用要求,选择减速器输入轴与联轴器的配合为圆锥间隙配合,由联轴器的孔型得输入轴的锥度为 1:10,如图 8 - 15 所示,锥度的检测可采用正弦规测量,具体的方法、步骤见 8.4。

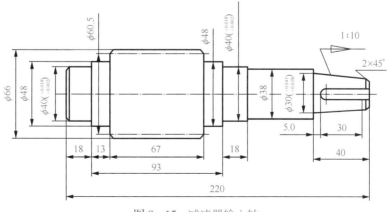

图 8 - 15　减速器输入轴

8-1 圆锥配合与圆柱配合比较,具有哪些优点?

8-2 圆锥公差的给定方法有哪几种? 它们各适用于什么场合?

8-3 为什么钻头、铰刀、铣刀的尾柄与机床主轴孔联结多用圆锥结合?

8-4 有一个外圆锥,已知最大圆锥直径 $D_e = 30$ mm,最小直径 $d_e = 10$ mm,圆锥长度 $L = 100$ mm,求其锥度和圆锥角。

学习情境 9

测量技术实训

▍项目内容

◇ 测量技术实训。

▍学习目标

◇ 掌握零件外圆和长度测量、角度和锥度测量、内孔的测量、圆跳动及全跳动测量、表面粗糙度的测量、外螺纹中径的检测、机床导轨直线度误差检测；
◇ 培养严谨的检测态度、工程质量意识、责任意识。

▍能力目标

◇ 掌握游标量具、千分尺、内径百分表、游标万能角尺、正弦尺、莫氏 3# 圆锥塞规、量块、偏摆仪、表面粗糙度比较样块、螺纹千分尺、螺纹环规、公法线千分尺、水平仪等量具的使用。

▍知识点与技能点

◇ 零件外圆和长度、角度和锥度、内孔、圆跳动及全跳动、表面粗糙度测量；外螺纹中径的检测、机床导轨直线度误差检测。

任务 1　零件外圆和长度检测

9.1.1　实训目的

(1) 熟悉游标卡尺、高度游标卡尺、深度游标卡尺、外径千分尺的使用方法。

（2）熟悉游标量具及外径千分尺的结构及其读数原理。

9.1.2 实训仪器

游标卡尺、深度游标卡尺、高度游标卡尺、外径千分尺、被测工件。

1. 游标量具

游标量具的使用方法。

（1）校对量具：操作如下：

① 首先用汽油或无水酒精将量具擦干净，尤其是量具的度量表面要特别注意擦干净。

② 检查零位读数的正确性：

a. 游标卡尺的零位读数的检查。将两个测量面贴合，检查游标零线是否与主尺零线对齐，如不对齐，应记下零线的误差值，以此值反号作为校正值。

b. 高度游标卡尺的零位读数的检查。将高度游标卡尺放于平板上，推动游标框架使量爪与平板贴合，检查游标零线是否与直尺零线对齐，如不对齐，应记下零线的误差值，以此值反号作为误差值。

c. 深度游标卡尺的零位读数的检查。将横尺放于平台上，检查游标零线与直尺零线是否对齐，如不对齐，应记下零线的误差值，以此值反号作为校正值。

（2）测量：将工作表面擦干净，对各指定部位分别用相应量具进行测量，每一部位量 3 次，取其平均值作为测量结果。测量时，应注意测量力，不要对零件卡压太紧，但也不应松动。一般量具度量面与工件被测面应靠紧，使其不漏光即可。

（3）读数方法：游标量具的读数方法见 3.4 节。图 9-1、图 9-2 所示是游标卡尺的使用示意图。

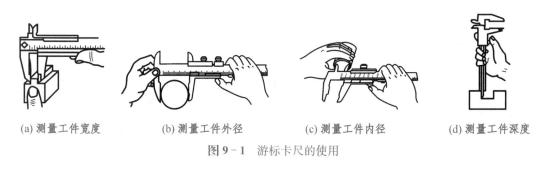

| (a) 测量工件宽度 | (b) 测量工件外径 | (c) 测量工件内径 | (d) 测量工件深度 |

图 9-1 游标卡尺的使用

(a)　　　　　　　　　　　　　　　　(b)

图 9-2 测量外径和宽度的方法

2. 外径千分尺

外径千分尺的结构及测量原理见 3.4 节。

9.1.3　实训步骤

（1）用游标卡尺测量外径。用游标卡尺测量铜套的 3 个截面、两个方向的共 6 个尺寸，并填入实验报告表（见表 9-1）中，计算圆度和圆柱度。

（2）用高度游标卡尺将曲轴两端支在 V 形块上，并将连杆轴颈调至最高点，测出该轴颈最高点到平板的高度 h_{max} 和 h_{min}，算出回转半径，将数值填入实验报告表中。

（3）用深度游标卡尺测量某零件深度 3 次，求出平均值，并填入实验报告表（见表 9-2）中。

（4）用外径千分尺测量零件数次，剔除明显的错误数据，取多数接近的测量值作为测量结果，填入表 9-3 内，并作出结论。

9.1.4　实训仪器的维护

1. 游标量具

（1）游标量具作为较精密量具不得随意乱作别用，以避免造成损坏或降低精度。

（2）移动量具的尺框和微动装置时，不要忘记松开紧固螺钉。

（3）测量结束后要把卡尺放平，尤其是大尺寸规格的卡尺，否则会造成尺身弯曲变形。

（4）带深度尺的游标卡尺，用完后，要把量爪合拢，较细的深度尺若露在外面容易变形甚至拆断。

（5）游标量具用完后，要擦净上油，放在游标量具盒内，注意防止锈蚀或弄脏。

2. 千分尺

（1）使用时或使用后都要避免发生摔碰。

（2）不允许用砂纸或硬的金属刀具去污或除锈。

（3）千分尺不能与其他工具混放在一起，使用后要擦净放入盒内。

（4）大型的千分尺要平放入在盒内，以免引起变形。

9.1.5　实训报告内容

1. 实训目的

2. 实训条件

（1）所用量具：_____　测量范围：_____mm　分度值：_____mm

所用量具：_____　测量范围：_____mm　分度值：_____mm

所用量具：_____　测量范围：_____mm　分度值：_____mm

所用量具：_____　测量范围：_____mm　分度值：_____mm

（2）测量零件：铜套，190 发动机曲轴。

技术要求：

① 铜套外圆尺寸 $\phi 55 \pm 0.19$；

② 铜套外圆圆柱度、圆度公差均为 0.013 mm；

③ 零件深度 34.50 ± 0.15 mm；

④ 曲轴回转半径为 50 ± 0.05 mm；

⑤ 实心圆柱尺寸为 $\phi 32 \pm 0.15$ mm；

⑥ 实心圆柱体的圆柱度和圆度公差均为 0.016 mm。

3. 整理实训记录(表 9 - 1、表 9 - 2)并分析实训结果

表 9 - 1

截面＼方向	实际要素		圆度误差	测量位置示意图
	$A - A$	$B - B$		
1 - 1				
2 - 2				
3 - 3				
圆柱度误差				
结论				

表 9 - 2

项目	实测尺寸	测量位置示意图	结论
某零件深度	$L_1 =$ $L_2 =$ $L_3 =$ 平均值 $L =$		
曲轴回转半径	最高点 $\begin{cases} h_{1max} = \\ h_{2max} = \\ h_{3max} = \end{cases}$ 最低点 $\begin{cases} h_{1min} = \\ h_{2min} = \\ h_{3min} = \end{cases}$ 回转半径 $R =$		

表 9-3

截面　　方向	实际要素			测量位置示意图
	$A-A$	$B-B$	圆度误差	
1-1				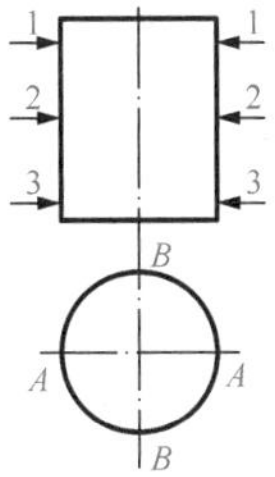
2-2				
3-3				
圆柱度误差				
结论				

任务 2　角度和圆锥角测量

9.2.1　实训目的

(1) 学习游标万能角度尺的使用方法。
(2) 掌握用正弦尺测量外圆锥度的原理和方法。

9.2.2　实训仪器

游标万能角尺、正弦尺、莫氏 3♯ 圆锥塞规、量块、千分表及表座。

1. 游标万能角尺

游标万能角尺是一种结构简单的通用角度量具,其读数原理类同游标卡尺,结构如图 3-29 所示,利用基尺、角尺和直尺的不同组合,可以进行 0°～320°角度的测量。

2. 正弦尺

正弦尺是间接测量角度的常用计量器具之一,其结构和测量原理见 8.4 节。

9.2.3　实训步骤

1. 游标万能角度尺测量角度

(1) 根据被测角度的大小,选择好游标万能角尺。图 3-30(a)所示组合可以测量 0～50°;图 3-30(b)所示组合可以测量 50°～140°;图 3-30(c),组合可以测量 140°～230°,图 3-30(d)所示组合可以测量 230°～320°。

(2) 松开游标万能角尺锁紧装置,使其两测量边与被测零件的角度边贴紧,目测无可见光隙透过,锁紧后读数,并填入实验报告表(见表 9-4)中。

(3) 作出实训报告。

2. 正弦尺测量圆锥角误差

（1）根据被测圆锥塞规圆锥角 α，按公式 $h = L \times \sin\alpha$ 计算垫块的高度，选择合适的量块组合好作为垫块。

（2）将组合好的量块组按图 8-12 放在正弦尺一端的圆柱下面，然后将被测塞规稳放在正弦尺的工作台上。

（3）用带架的指示表，测量 a，b 两点（距离不小于 2 mm）。测量时，应找到被测圆锥素线的最高点，记下读数。

注意：测量时，可将 a 或 b 读数调为零，再测 b 或 a 的读数。

（4）按上述步骤，将被测量规转过一定角度，在 a，b 点分别测量 3 次，取平均值，求出 a，b 两点的高度差 Δh。然后测量 a，b 之间的距离 l。记录在实训报告表（见表 9-5）中。

（5）作出实训报告。

9.2.4 实训仪器的维护

使用游标万能角度尺应注意：

（1）角度尺不要受到碰撞，注意保护各测量面并防止变形。

（2）对于游标万能角度尺装直角尺或直尺时，应避免卡块螺钉压在测量面上。

（3）使用角度尺测量完毕，擦净后要在各测量面上涂防锈油，并装在特制的盒内保管。

9.2.5 实训报告内容

1. 实训目的

2. 实训条件

所用量具：_____　测量范围：_____ mm　分度值：_____ mm

所用量具：_____　测量范围：_____ mm　分度值：_____ mm

3. 整理实训记录并分析实训结果（见表 9-4 和表 9-5）

表 9-4

测量示意图	选用量具附件	读数及其结果	
		读数	
		结果	
		读数	
		结果	

续　表

测量示意图	选用量具附件	读数及其结果	
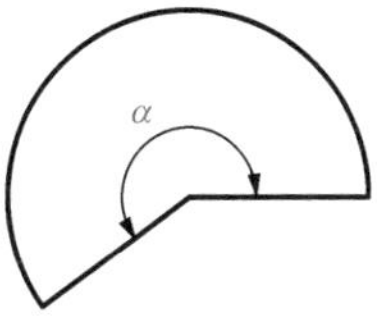		读数	
		结果	
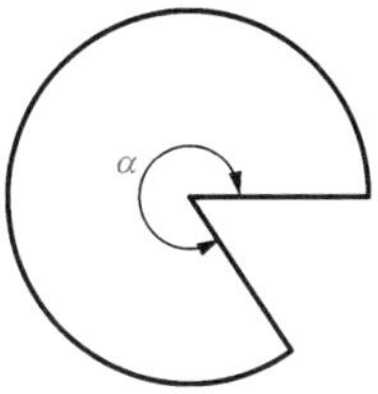		读数	
		结果	

表 9 - 5

检测项目	实测				平均值
	1	2	3	4	
a 点数值					
b 点数值					
$\Delta h = a - b$					
$\tan \Delta\alpha = \Delta h / l$					
L					
l					
结论					

注:3♯莫氏锥度 $\alpha = 2\,°52'32''$。

任务 3　内孔的测量

9.3.1　实训目的

(1) 熟悉内径百分表的结构和原理。
(2) 掌握使用内径百分表的技能。

9.3.2　实训仪器及测量零件

内径百分表、外径千分尺、4125 发动机缸套。

内径百分表由百分表及表架组成,可用以测量孔的直径及其形状误差,其结构及工作原理见 3.4 节。

9.3.3 实训步骤

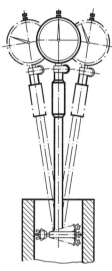

图 9 - 3 孔径的测量

(1) 在使用内径百分表前,必须根据零件的公称尺寸选择合适的固定量杆,为了减少磨损,选择固定量杆时必须按量杆的测量范围来选用。选定后将其装在壳体之螺孔内,并用螺母锁紧,以防松脱。安装时,必须使被压缩的活动量杆加固定量杆后的长度大于被测孔径约 2~3 mm。

(2) 把千分尺调节到所测孔径的公称尺寸。将内径百分表活动量杆压缩后放入千分尺的两测量面之间,使百分表小指针指到第二格或第三格,然后转动表盘,使零线对准指针,至此百分表已调整完毕。

(3) 将已调整好的内径百分表放入被测孔内时,必须稍微倾斜,并压缩活动量杆与定心支架,以免损伤测量头。进行测量时,应左右摆动百分表,从百分表上读出最小读数(应注意正、负号),如图 9 - 3 所示。

(4) 整理测量结果。将测量结果填入报告表(见表 9 - 6)内,并计算其圆柱度及圆度,最后作出合格与否的结论。

9.3.4 实训仪器的维护

在使用内径百分表时,除遵守一般百分表使用时的注意事项外,还必须注意以下两点:

(1) 调整好尺寸的内径百分表,在测量孔径时,先定心,再使测量头轴线与孔壁垂直,在孔的轴线方向微微地摆动,找出最小的读数值(即为尺寸的数值)。

(2) 测量时,按压测头要小心,不能用力过大或过快,不要使活动测头受到剧烈振动。

9.3.5 实训报告内容

1. 实训目的

2. 实训条件

(1) 所用量具:_____ 测量范围:_____ mm 分度值:_____ mm

所用量具:_____ 测量范围:_____ mm 分度值:_____ mm

(2) 测量零件:190 发动机缸套。

技术要求:缸套尺寸 $\phi 125 \pm 0.09$ mm,圆度和圆柱度公差均为 0.018 mm。

3. 整理实训记录并分析实训结果(见表 9 - 6)

表 9 - 6

截面＼方向	实际要素			测量位置示意图
	$A - A$	$B - B$	圆度误差	
1 - 1				
2 - 2				
3 - 3				
圆柱度误差				
结论				

任务 4　圆跳动及全跳动测量

9.4.1　实训目的

（1）了解百分表的构造和原理。

（2）熟悉一般几何误差的检测方法。

9.4.2　实训仪器及测量零件

PBY5017 - A 偏摆仪、百分表、阶梯轴。

1. 百分表

百分表的结构及工作原理见 3.4 节。

2. PBY5017 - A 偏摆仪简介

本产品主要用于检测轴类、盘类零件的径向圆跳动。

（1）测量范围　零件最大长度：500 mm，零件最大直径：ϕ270 mm。

（2）技术数据　两顶尖最大距离：500 mm，顶尖中心高度：170 mm。PBY5017 - A 偏摆仪的精度如表 9 - 7 所示。

表 9 - 7　　　　　　　　　　　　　　　　　　　（单位：mm）

PBY5017 - A 偏摆仪	两顶尖连线对仪座导轨面的平行度		顶尖中心线在 100 mm 范围内对导轨的平行度
	顶尖距 500	顶尖距 100	
水平方向	≤0.01	≤0.005	≤0.008
垂直方向	0.006	≤0.003	≤0.008

顶尖 60°锥面对莫氏锥的径向跳动≤0.005 mm。

9.4.3 实训步骤

（1）拧紧偏心轴手把，首先将固定顶尖座固定在底座上。

（2）按被测零件的长度，将活动顶尖固定在合适位置。

（3）压下球头手柄，转入零件，用两顶尖顶住零件中心孔。

（4）拧紧紧定手把，将顶尖固定。

（5）移动支架座至所需位置然后固定，通过其上所装的百分表（或千分表）检测阶梯轴的径向圆跳动、斜向圆跳动及轴向圆跳动误差，如图 9 - 4 所示，并记录在实训报告表（见表 9 - 8）中。

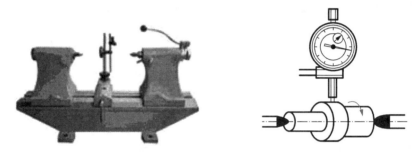

图 9 - 4　偏摆仪及应用

9.4.4 实训仪器的维护

（1）拉压测量杆的次数不宜过频，距离不要过长，测量杆的行程不要超出它的测量范围。

（2）使用百分表测量工件时，不能使触头突然落在工件的表面上。

（3）不能用手握测量杆，也不要把百分表同其他工具混放在一起。

（4）使用表座时，要放稳安牢。

（5）严防水、油液、灰尘等进入表内。

（6）用后擦净、擦干放入盒内，使测量杆处于非工作状态，避免表内弹簧失效。

9.4.5 实训报告内容

1. 实训目的

2. 实训条件

（1）所用量具：_____　测量范围：_____ mm　分度值：_____ mm

所用量具：_____　测量范围：_____ mm　分度值：_____ mm

（2）测量零件：阶梯轴。

测量项目：阶梯轴径向、斜向和端面的圆跳动误差。

技术条件：阶梯轴最大直径处的径向圆跳动公差为 0.03 mm，斜向和端面的圆跳动公差均为 0.05 mm。

3. 整理实训记录并分析实训结果(见表 9-8)

表 9-8

检验项目	检测示意图	测量值	结论
阶梯轴最大直径处的 圆跳动误差	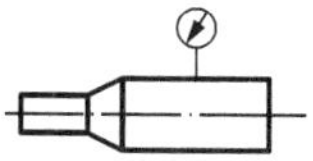	第1次 第2次 第3次	
阶梯轴斜面的 斜向跳动误差	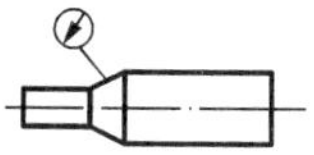	第1次 第2次 第3次	
阶梯轴轴向 圆跳动误差	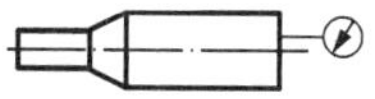	第1次 第2次 第3次	

任务5 表面粗糙度的测量

9.5.1 实训目的

(1) 熟悉评定零件表面粗糙度的参数项目。

(2) 用比较法检查零件表面粗糙度参数值的大小。

(3) 了解 JB-1C 型粗糙度测量仪测量表面粗糙度的原理和方法。

9.5.2 表面粗糙度比较样块

1. 用途

表面粗糙度比较样块是以比较法来检查机械零件加工后表面粗糙度的一种工作量具,通过目测或放大镜将其与被测工件进行比较,可判断工件表面粗糙度的级别。

2. 材料与规格

(1) 材料:研磨样块采用 Gcr15 材料,其余采用 45 优质碳素结构钢。

(2) 规格:共分 3 种:

① 7 组样块(车床、刨床、立铣、平铣、平面外磨、研磨)。

② 6 组样块(车床、刨床、立铣、平铣、平磨、外磨)。

③ 单组形式(车床样块、刨床样块、立铣样块、平铣样块、平磨样块、外磨样块、研磨样块)。

3. 分类及粗糙度参数

分类及粗糙度参数见表9-9。

表9-9

制造方法	粗糙度参数 $Ra/\mu m$			
车床	0.8	1.6	3.2	6.3
刨床	0.8	1.6	3.2	6.3
立铣	0.8	1.6	3.2	6.3
平铣	0.8	1.6	3.2	6.3
平磨	0.1	0.2	0.4	0.8
外磨	0.1	0.2	0.4	0.8
研磨	0.025	0.05	0.1	

4. 使用方法及注意事项

（1）利用放大镜目测被测工件的表面粗糙度，对比粗糙度标准样块的值，得出被测工件的表面粗糙度，并记录在实训报告表（见表9-10）中。

（2）比较样块在使用时，应尽量和被检查零件处于同等条件下（包括表面色泽、照明条件等），不得用手直接接触比较样块，并避免碰划伤等。

9.5.3 JB-1C型粗糙度测量仪

1. 用途及工作原理

JB-1C粗糙度测量仪属于接触式的粗糙度测量仪器，基于感应式位移传感的原理，如图9-5所示。一个金刚石触针固定在一移动极板上（铁氧体极板），在被测表面上移动。在零位状态时，这些极板离开定位于传感器外壳上的两个线圈有一定的距离，且有一高频的振荡信号在这两个线圈内流动。如果铁氧体极板与线圈间的距离改变了（由于传感器的金刚石触针在一粗糙表面移动），线圈的电感发生变化，测量仪的微机系统则对此的变化进行采集，数据转移处理后，在液晶屏上显示出被测物表面的粗糙度参数。

2. 使用方法

（1）固定被测工件在工作台上，且使传感器的金刚石触针与被测工件垂直，传感器移动方向与被测件的加工方向相垂直。

（2）打开电源。

（3）转动手轮并旋转旋钮，调整被测工件与传感器之间位置，并进行测量位置调整，直到显示屏出现6～7个黑子格。

（4）按选择键选择 λ_c 和测量长度（评定长度）L_n（本测量仪分为 $\lambda_c = 0.25$ mm，0.8 mm，2.8 mm 等3档；L_n 一般取 λ_c 的3～7倍）。

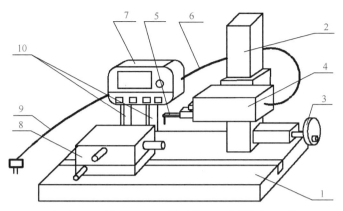

1—大理石座　2—升降装置　3—升降手轮　4—传感装置　5—传感器
6—连接电缆　7—电器箱　8—可调节工作台　9—电源线　10—支撑架

图 9 - 5　JB - 1C 型粗糙度测量仪原理图

（5）按启动键进行扫描测量。

（6）按打印键打印测量结果,如图 9 - 6 所示。

（7）作出实训报告,完成数据处理。根据输出结果分析被测工件的表面粗糙程度是由何种加工方法加工的。

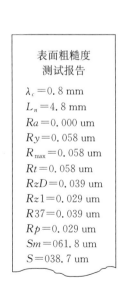

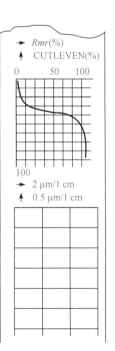

表面粗糙度
测试报告

$\lambda_c = 0.8$ mm
$L_n = 4.8$ mm
$Ra = 0.000$ um
$Ry = 0.058$ um
$R_{max} = 0.058$ um
$Rt = 0.058$ um
$RzD = 0.039$ um
$Rz1 = 0.029$ um
$R37 = 0.039$ um
$Rp = 0.029$ um
$Sm = 061.8$ um
$S = 038.7$ um

图 9 - 6　测量结果输出图(JB - 1C 粗糙度测量仪)

3. 注意事项

（1）如果电器箱工作不正常，或者测量过程中，由于外界的干扰因素，引起仪器工作的不正常，可以按复位键，使测量仪重新复位，回复到测量仪初始状态。

（2）在测量过程中，由于λ_c值的选择不当，Ra的值超差，测量仪自动复位，取消此次测量，回复到测量仪的初始状态，进入重新选择λ_c值的初始状态。

9.5.4　实训报告内容

1. 实训目的

2. 实训条件

（1）所用检验工具：_____

（2）零件的制造设备：_____

3. 整理实训记录并分析实训结果（见表 9－10）

表 9－10

制造方法	零件表面粗糙度 $Ra/\mu m$
车床	
刨床	
立铣	
平铣	
平磨	
外磨	
研磨	

任务6　外螺纹中径的检测

9.6.1　实训目的

（1）熟悉测量外螺纹中径的原理和方法。

（2）掌握用三针法测量螺纹中径的方法。

（3）掌握用螺纹千分尺测量普通外螺纹中径的方法。

（4）了解螺纹环规综合检验外螺纹方法。

9.6.2　实训仪器及测量零件

螺纹千分尺、螺纹环规、三针、公法线千分尺、被测工件。

螺纹千分尺、三针的测量原理见 7.2 节。

9.6.3　实训步骤

1. 测量普通外螺纹中径

(1) 按图 7 - 24,选择合适的螺纹千分尺。

(2) 用螺纹千分尺测量时,根据被测螺纹螺距大小按螺纹千分尺附表选择测头大小,装入千分尺,校正零位。测量时,直接从螺纹千分尺中读取数据并记录在实训报告表(见表 9 - 11)中。

2. 测量梯形螺纹

(1) 按图中梯形螺纹中径的 M 值选择合适的公法线千分尺。

(2) 按图 7 - 25 将三针放入螺旋槽中,用公法线千分尺测量 M 值,读取数据并记录在实训报告表(见表 9 - 11)中。

9.6.4　实训报告内容

1. 实训目的

2. 实训条件

(1) 所用量具:_____　测量范围:_____ mm　分度值:_____ mm

所用量具:_____　测量范围:_____ mm　分度值:_____ mm

(2) 测量零件:梯形螺纹零件,普通螺纹零件。

3. 整理实训记录并分析实训结果(见表 9 - 11)

表 9 - 11

实验项目		Tr48×12(P6)	M24—6h(或 M6)
实测尺寸	1		
	2		
实测尺寸	3		
	4		
	5		
平均值			
结论			

任务 7　平行度的测量

9.7.1　实训目的

熟悉用指示器测量法测量平行度误差的原理和方法。

9.7.2　实训仪器

工件、百分表或千分表、表架、心轴。

9.7.3　实训步骤

（1）测量面对面平行度误差：基准平面用平板体现，如图 4 - 44(a)所示。测量时，双手推拉表架在平板上缓慢地作前后滑动，用百分表或千分表在被测平面内滑过，找到指示表读数的最大值和最小值。指示表的最大与最小读数之差，即为该工件的平行度误差，即 $f = |M_1 - M_2|$ mm。读取数据并记录在实训报告（见表 9 - 12）中。

（2）测量线对面平行度误差：要求测量工件孔的轴线相对于基准平面的平行度误差。需要用心轴模拟被测要素，将心轴装于孔内，形成稳定接触，基准平面用精密平板体现，如图 4 - 44(b)所示。

测量时，双手推拉表架在平板上缓慢地做前后滑动，当百分表或千分表从心轴上素线滑过，找到指示表指针转动的往复点（极限点）后，停止滑动，进行读数。

在被测心轴上确定两个测点 1，2，两测点距离为 L_2，指示表在两测点的读数分别为 M_1 和 M_2，被测要素长度为 L_1，被测孔对基准平面的平行度误差可按比例折算得到

$$f = \frac{L_1}{L_2} |M_1 - M_2| \quad \text{mm，读取数据并记录在实训报告（见表 9 - 12）中。}$$

（3）测量线对线平行度误差：要求测量工件孔的轴线相对于基准孔的轴线的平行度误差。需要用心轴模拟被测要素和基准要素，将两根心轴装于基准孔和被测孔内，形成稳定接触，如图 4 - 44(c)所示。

测量前，先找正基准要素，找正基准心轴上素线与平板工作面平行，实验时用一对等高支承支承基准心轴，即认为已正好。也可以用一个固定支承和一个可调支承支承基准心轴，双手推拉表架在平板上缓慢地做前后滑动，调整可调支承，当指示表在基准心轴上素线左右两端的读数相同时，就认为找正好了，测量方法与平行度误差计算与线对面平行度误差相同，读取数据并记录在实训报告（见表 9 - 12）中。

9.7.4　千分表的使用注意事项

（1）千分表应固定在可靠的表架上，测量前必须检查千分表是否夹牢，并多次提拉千分表测量杆与工件接触，观察其重复指示值是否相同。

（2）测量时，不准用工件撞击测头，以免影响测量精度或撞坏千分表。为保持一定的起始测量力，测头与工件接触时，测量杆应有 0.3～0.5 mm 的压缩量。

（3）测量杆上不要加油，以免油污进入表内，影响千分表的灵敏度。

（4）千分表测量杆与被测工件表面必须垂直，否则会产生误差。

9.7.5　实训报告内容

1. 实训目的
2. 实训条件

所用量具：_____　测量范围：_____ mm　分度值：_____ mm

所用量具：_____　测量范围：_____ mm　分度值：_____ mm

3. 整理实训记录并分析实训结果（见表9－12）

表9－12

项目　　　测量数据　　内容		平行度	备注
面对面	指示表最大值		
	指示表最小值		
	L_1		
	L_2		
	误差值 f		
线对面	指示表最大值		
	指示表最小值		
	L_1		
	L_2		
	误差值 f		
线对线	指示表最大值		
	指示表最小值		
	L_1		
	L_2		
	误差值 f		

任务8　机床导轨直线度误差检测

9.8.1　实训目的

（1）了解机床导轨直线度检测内容、原理、方法和步骤。

（2）掌握方框水平仪的使用方法。

（3）实训中测试数据的处理及误差曲线的绘制。

9.8.2　实训设备

车床床身、方框水平仪、桥板。

机床导轨直线度检测方法很多，有平尺检测、水平仪检测、自准仪检测、钢丝和显微镜检测等。本次实训用水平仪检测。

水平仪的结构如图 3-33 所示，其刻度值有 0.02/1 000～0.05/1 000。0.02/1 000 表示将该水平仪放在 1 m 长的平尺表面上，将平尺一端垫起 0.02 mm 高时，平尺便倾斜一个 α 角，此时水平仪的气泡便向高处正好移动一个刻度值（即移动了一格）。水平仪和平尺的关系如图 9-7 所示。

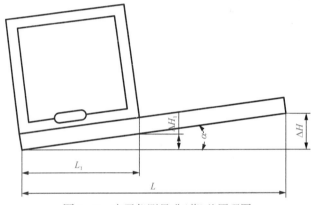

图 9-7　水平仪测量升（落）差原理图

由图可知

$$\tan\alpha = \Delta H/L = 0.02/1\ 000 = 0.000\ 02。$$

由于水平仪的长度只有 200 mm，所以

$$\tan\alpha = \Delta H_1/L = \Delta H_1/200,\ \Delta H_1 = 200 \times \tan\alpha = 200 \times 0.000\ 02 = 0.004\ \text{mm}。$$

可见水平仪右边的升（落）差 ΔH_1 与所用的水平仪规格有关。此外，在实际使用中水平仪也不一定是移动一格，如移动了两格，水平仪还是 200 mm 规格，则

$$\tan\alpha = 0.02 \times 2/1\ 000 = \Delta H_1/200,\ \Delta H_1 = 200 \times 0.02 \times 2/1\ 000 = 0.008\ \text{mm}。$$

水平仪读数的符号，习惯上规定：气泡移动的方向和水平仪移动方向相同时，读数为正值；反之，为负值。

9.8.3　实训步骤

（1）检测床身前，擦净导轨表面，将床身安置在适当的基础上，并基本调平。调平的目

的是为了得到床身静态稳定性。

（2）以 200 mm 长等分机床导轨成若干段，将水平仪放置在导轨的左（右）端，作为检测工作的起点，记下此时水平仪气泡的位置，然后按导轨分段，首尾相接依次放置水平仪，记下水平仪每一段时气泡的位置，填入实训报告表（见表 9-13）中。

（3）作出实训报告。

9.8.4　实训报告内容

1. 实训目的
2. 实训条件
（1）所用量具：_____　测量范围：_____ mm　分度值：_____ mm
（2）测量零件：车床床身。
3. 整理实训记录、绘出实验曲线（见图 9-8）并分析实训结果

表 9-13　　　　　　　　　　　　　　　　　　　　　　　　（单位：mm）

水平仪位置	水平仪读数（格）	每段升落差 ΔH_1	累积升落差 $\sum H_1$
0～200			
200～400			
400～600			
600～800			
800～1 000			
1 000～1 200			
1 200～1 400			
1 400～1 600			

实验曲线：

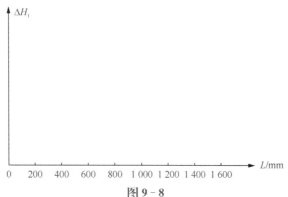

图 9-8

9-1 游标卡尺、游标高度尺的游标零线与主尺零线不重合时,应如何处理数据?

9-2 千分尺的微分套筒零线与固定套筒基线不重合时,应怎样处理?

9-3 若测量出的圆锥角误差较大,对吗? 为什么?

9-4 用内径千分尺或内径百分表测量孔的直径,各属何种测量方法?

9-5 用内径百分表测量孔的直径时,为什么要摆动内径百分表并读取最小值?

9-6 圆跳动项目属于形状公差,还是位置公差?

9-7 百分表在实际测量时,需做哪些准备工作?

9-8 表面粗糙度的检测方法及评定参数有哪些?

9-9 直线度误差的评定方法有哪些?

附　表

孔、轴常用公差带的极限偏差

单位：μm

公称尺寸/mm \ 公差带	A11	a11	B11	B12	b11	b12	C11	c9	c10
≤3	+330 / +270	−270 / −330	+200 / +140	+240 / +140	−140 / −200	−140 / −240	+120 / +60	−60 / −85	−60 / −100
>3～6	+345 / +270	−270 / −345	+215 / +140	+260 / +140	−140 / −215	−140 / −260	+145 / +70	−70 / −100	−70 / −118
>6～10	+370 / +280	−280 / −370	+240 / +150	+300 / +150	−150 / −240	−150 / −300	+170 / +80	−80 / −116	−80 / −138
>10～14	+400 / +290	−290 / −400	+260 / +150	+330 / +150	−150 / −260	−150 / −330	+205 / +95	−95 / −138	−95 / −165
>14～18									
>18～24	+430 / +300	−300 / −430	+290 / +160	+370 / +160	−160 / −290	−160 / −370	+240 / +110	−110 / −162	−110 / −194
>24～30									
>30～40	+470 / +310	−310 / −470	+330 / +170	+420 / +170	−170 / −330	−170 / −420	+280 / +120	−120 / −182	−120 / −220
>40～50	+480 / +320	−320 / −480	+340 / +180	+430 / +180	−180 / −340	−180 / −430	+290 / +130	−130 / −192	−130 / −230
>50～65	+530 / +340	−340 / −530	+380 / +190	+490 / +190	−190 / −380	−190 / −490	+330 / +140	−140 / −214	−140 / −260
>65～80	+550 / +360	−360 / −550	+390 / +200	+500 / +200	−200 / −390	−200 / −500	+340 / +150	−150 / −224	−150 / −270
>80～100	+600 / +380	−380 / −600	+440 / +220	+570 / +220	−220 / −440	−220 / −570	+390 / +170	−170 / −257	−170 / −310
>100～120	+630 / +410	−410 / −630	+460 / +240	+590 / +240	−240 / −460	−240 / −590	+400 / +180	−180 / −267	−180 / −320
>120～140	+710 / +460	−460 / −710	+510 / +260	+660 / +260	−260 / −510	−260 / −660	+450 / +200	−200 / −300	−200 / −360
>140～160	+770 / +520	−520 / −770	+530 / +280	+680 / +280	−280 / −530	−280 / −680	+460 / +210	−210 / −310	−210 / −370
>160～180	+830 / +580	−580 / −830	+560 / +310	+710 / +310	−310 / −560	−310 / −710	+480 / +230	−230 / −330	−230 / −390
>180～200	+950 / +660	−660 / −950	+630 / +340	+800 / +340	−340 / −630	−340 / −800	+530 / +240	−240 / −355	−240 / −425
>200～225	+1 030 / +740	−740 / −1 030	+670 / +380	+840 / +380	−380 / −670	−380 / −840	+550 / +260	−260 / −375	−260 / −445
>225～250	+1 110 / +820	−820 / −1 110	+710 / +420	+880 / +420	−420 / −710	−420 / −880	+570 / +280	−280 / −395	−280 / −465
>250～280	+1 240 / +920	−920 / −1 240	+800 / +480	+1 000 / +480	−480 / −800	−480 / −1 000	+620 / +300	−300 / −430	−300 / −510
>280～315	+1 370 / +1 050	−1 050 / −1 370	+860 / +540	+1 060 / +540	−540 / −860	−540 / −1 060	+650 / +330	−330 / −460	−330 / −540
>315～355	+1 560 / +1 200	−1 200 / −1 560	+960 / +600	+1 170 / +600	−600 / −960	−600 / −1 170	+720 / +360	−360 / −500	−360 / −590
>355～400	+1 710 / +1 350	−1 350 / −1 710	+1 040 / +680	+1 250 / +680	−680 / −1 040	−680 / −1 250	+760 / +400	−400 / −540	−400 / −630
>400～450	+1 900 / +1 500	−1 500 / −1 900	+1 160 / +760	+1 390 / +760	−760 / −1 160	−760 / −1 390	+840 / +440	−440 / −595	−440 / −690
>450～500	+2 050 / +1 650	−1 650 / −2 050	+1 240 / +840	+1 470 / +840	−840 / −1 240	−840 / −1 470	+880 / +480	−480 / −635	−480 / −730

注：公称尺寸＜1 mm时，各级的A(a)，B(b)均不采用。

续表　　　　　　　　　　　　　　　　　　　　　　　　　　　　　　　　单位：μm

公称尺寸/mm ＼ 公差带	c11	D8	D9	D10	D11	d8	d9	d10	d11
≤3	−60	+34	+45	+60	+80	−20	−20	−20	−20
	−120	+20	+20	+20	+20	−34	−45	−60	−80
>3~6	−70	+48	+60	+78	+105	−30	−30	−30	−30
	−145	+30	+30	+30	+30	−48	−60	−78	−105
>6~10	−80	+62	+76	+98	+130	−40	−40	−40	−40
	−170	+40	+40	+40	+40	−62	−76	−98	−130
>10~14	−95	+77	+93	+120	+160	−50	−50	−50	−50
>14~18	−205	+50	+50	+50	+50	−77	−93	−120	−160
>18~24	−110	+98	+117	+149	+195	−65	−65	−65	−65
>24~30	−240	+65	+65	+65	+65	−98	−117	−149	−195
>30~40	−120	+119	+142	+180	+240	−80	−80	−80	−80
	−280								
>40~50	−130	+80	+80	+80	+80	−119	−142	−180	−240
	−290								
>50~65	−140	+146	+174	+220	+290	−100	−100	−100	−100
	−330								
>65~80	−150	+100	+100	+100	+100	−146	−174	−220	−290
	−340								
>80~100	−170	+174	+207	+260	+340	−120	−120	−120	−120
	−390								
>100~120	−180	+120	+120	+120	+120	−174	−207	−260	−340
	−400								
>120~140	−200	+208	+245	+305	+395	−145	−145	−145	−145
	−450								
>140~160	−210								
	−460								
>160~180	−230	+145	+145	+145	+145	−208	−245	−305	−395
	−480								
>180~200	−240	+242	+285	+355	+460	−170	−170	−170	−170
	−530								
>200~225	−260								
	−550								
>225~250	−280	+170	+170	+170	+170	−242	−285	−355	−460
	−570								
>250~280	−300	+271	+320	+400	+510	−190	−190	−190	−190
	−620								
>280~315	−330	+190	+190	+190	+190	−271	−320	−400	−510
	−650								
>315~355	−360	+299	+350	+440	+570	−210	−210	−210	−210
	−720								
>355~400	−400	+210	+210	+210	+210	−299	−350	−440	−570
	−760								
>400~450	−440	+327	+385	+480	+630	−230	−230	−230	−230
	−840								
>450~500	−480	+230	+230	+230	+230	−327	−385	−480	−630
	−880								

续表

单位：μm

公差带 公称尺寸/mm	E8	E9	e7	e8	e9	F6	F7	F8	F9
≤3	+28 +14	+39 +14	−14 −24	−14 −28	−14 −39	+12 +6	+16 +6	+20 +6	+31 +6
>3~6	+38 +20	+50 +20	−20 −32	−20 −38	−20 −50	+18 +10	+22 +10	+28 +10	+40 +10
>6~10	+47 +25	+61 +25	−25 −40	−25 −47	−25 −61	+22 +13	+28 +13	+35 +13	+49 +13
>10~14	+59	+75	−32	−32	−32	+27	+34	+43	+59
>14~18	+32	+32	−50	−59	−75	+16	+16	+16	+16
>18~24	+73	+92	−40	−40	−40	+33	+41	+53	+72
>24~30	+40	+40	−61	−73	−92	+20	+20	+20	+20
>30~40	+89	+112	−50	−50	−50	+41	+50	+64	+87
>40~50	+50	+50	−75	−89	−112	+25	+25	+25	+25
>50~65	+106	+134	−60	−60	−60	+49	+60	+76	+104
>65~80	+60	+60	−90	−106	−134	+30	+30	+30	+30
>80~100	+126	+159	−72	−72	−72	+58	+71	+90	+123
>100~120	+72	+72	−107	−126	−159	+36	+36	+36	+36
>120~140	+148	+185	−85	−85	−85	+68	+83	+106	+143
>140~160									
>160~180	+85	+85	−125	−148	−185	+43	+43	+43	+43
>180~200	+172	+215	−100	−100	−100	+79	+96	+122	+165
>200~225									
>225~250	+100	+100	−146	−172	−215	+50	+50	+50	+50
>250~280	+191	+240	−110	−110	−110	+88	+108	+137	+186
>280~315	+110	+110	−162	−191	−240	+56	+56	+56	+56
>315~355	+214	+265	−125	−125	−125	+98	+119	+151	+202
>355~400	+125	+125	−182	−214	−265	+62	+62	+62	+62
>400~450	+232	+290	−135	−135	−135	+108	+131	+165	+223
>450~500	+135	+135	−198	−232	−290	+68	+68	+68	+68

续表

单位：μm

公称尺寸/mm　　　公差带	f5	f6	f7	f8	f9	G6	G7	g5	g6	g7
≤3	−6	−6	−6	−6	−6	+8	+12	−2	−2	−2
	−10	−12	−16	−20	−31	+2	+2	−6	−8	−12
>3～6	−10	−10	−10	−10	−10	+12	+16	−4	−4	−4
	−15	−18	−22	−28	−40	+4	+4	−9	−12	−16
>6～10	−13	−13	−13	−13	−13	+14	+20	−5	−5	−5
	−19	−22	−28	−35	−49	+5	+5	−11	−14	−20
>10～14	−16	−16	−16	−16	−16	+17	+24	−6	−6	−6
>14～18	−24	−27	−34	−43	−59	+6	+6	−14	−17	−24
>18～24	−20	−20	−20	−20	−20	+20	+28	−7	−7	−7
>24～30	−29	−33	−41	−53	−72	+7	+7	−16	−20	−28
>30～40	−25	−25	−25	−25	−25	+25	+34	−9	−9	−9
>40～50	−36	−41	−50	−64	−87	+9	+9	−20	−25	−34
>50～65	−30	−30	−30	−30	−30	+29	+40	−10	−10	−10
>65～80	−43	−49	−60	−76	−104	+10	+10	−23	−29	−40
>80～100	−36	−36	−36	−36	−36	+34	+47	−12	−12	−12
>100～120	−51	−58	−71	−90	−123	+12	+12	−27	−34	−47
>120～140	−43	−43	−43	−43	−43	+39	+54	−14	−14	−14
>140～160										
>160～180	−61	−68	−83	−106	−143	+14	+14	−32	−39	−54
>180～200	−50	−50	−50	−50	−50	+44	+61	−15	−15	−15
>200～225										
>225～250	−70	−79	−96	−122	−165	+15	+15	−35	−44	−61
>250～280	−56	−56	−56	−56	−56	+49	+69	−17	−17	−17
>280～315	−79	−88	−108	−137	−186	+17	+17	−40	−49	−69
>315～355	−62	−62	−62	−62	−62	+54	+75	−18	−18	−18
>355～400	−87	−98	−119	−151	−202	+18	+18	−43	−54	−75
>400～450	−68	−68	−68	−68	−68	+60	+83	−20	−20	−20
>450～500	−95	−108	−131	−165	−223	+20	+20	−47	−60	−83

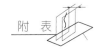

续表

单位：μm

公差带 公称尺寸/mm	H6	H7	H8	H9	H10	H11	H12	h5	h6	h7	h8	h9
≤3	+6 0	+10 0	+14 0	+25 0	+40 0	+60 0	+100 0	0 −4	0 −6	0 −10	0 −14	0 −25
>3~6	+8 0	+12 0	+18 0	+30 0	+48 0	+75 0	+120 0	0 −5	0 −8	0 −12	0 −18	0 −30
>6~10	+9 0	+15 0	+22 0	+36 0	+58 0	+90 0	+150 0	0 −6	0 −9	0 −15	0 −22	0 −36
>10~14 >14~18	+11 0	+18 0	+27 0	+43 0	+70 0	+110 0	+180 0	0 −8	0 −11	0 −18	0 −27	0 −43
>18~24 >24~30	+13 0	+21 0	+33 0	+52 0	+84 0	+130 0	+210 0	0 −9	0 −13	0 −21	0 −33	0 −52
>30~40 >40~50	+16 0	+25 0	+39 0	+62 0	+100 0	+160 0	+250 0	0 −11	0 −16	0 −25	0 −39	0 −62
>50~65 >65~80	+19 0	+30 0	+46 0	+74 0	+120 0	+190 0	+300 0	0 −13	0 −19	0 −30	0 −46	0 −74
>80~100 >100~120	+22 0	+35 0	+54 0	+87 0	+140 0	+220 0	+350 0	0 −15	0 −22	0 −35	0 −54	0 −87
>120~140 >140~160 >160~180	+25 0	+40 0	+63 0	+100 0	+160 0	+250 0	+400 0	0 −18	0 −25	0 −40	0 −63	0 −100
>180~200 >200~225 >225~250	+29 0	+46 0	+72 0	+115 0	+185 0	+290 0	+460 0	0 −20	0 −29	0 −46	0 −72	0 −115
>250~280 >280~315	+32 0	+52 0	+81 0	+130 0	+210 0	+320 0	+520 0	0 −23	0 −32	0 −52	0 −81	0 −130
>315~355 >355~400	+36 0	+57 0	+89 0	+140 0	+230 0	+360 0	+570 0	0 −25	0 −36	0 −57	0 −89	0 −140
>400~450 >450~500	+40 0	+63 0	+97 0	+155 0	+250 0	+400 0	+630 0	0 −27	0 −40	0 −63	0 −97	0 −155

续表　　　　　　　　　　　　　　　　　　　　　　　　　　　　　　　单位：μm

公差带 公称尺寸/mm	h10	h11	h12	JS5 (js5)	JS6 (js6)	JS7 (js7)	JS8 (js8)	K6	K7	K8	K5
≤3	0 −40	0 −60	0 −100	±2	±3	±5	±7	0 −6	0 −10	0 −14	+4 0
>3~6	0 −48	0 −75	0 −120	±2.5	±4	±6	±9	+2 −6	+3 −9	+5 −13	+6 +1
>6~10	0 −58	0 −90	0 −150	±3	±4.5	±7	±11	+2 −7	+5 −10	+6 −16	+7 +1
>10~14 >14~18	0 −70	0 −110	0 −180	±4	±5.5	±9	±13	+2 −9	+6 −12	+8 −19	+9 +1
>18~24 >24~30	0 −84	0 −130	0 −210	±4.5	±6.5	±10	±16	+2 −11	+6 −15	+10 −23	+11 +2
>30~40 >40~50	0 −100	0 −160	0 −250	±5.5	±8	±12	±19	+3 −13	+7 −18	+12 −27	+13 +2
>50~65 >65~80	0 −120	0 −190	0 −300	±6.5	±9.5	±15	±23	+4 −15	+9 −21	+14 −32	+15 +2
>80~100 >100~120	0 −140	0 −220	0 −350	±7.5	±11	±17	±27	+4 −18	+10 −25	+16 −38	+18 +3
>120~140 >140~160 >160~180	0 −160	0 −250	0 −400	±9	±12.5	±20	±31	+4 −21	+12 −28	+20 −43	+21 +3
>180~200 >200~225 >225~250	0 −185	0 −290	0 −460	±10	±14.5	±23	±36	+5 −24	+13 −33	+22 −50	+24 +4
>250~280 >280~315	0 −210	0 −320	0 −520	±11.5	±16	±26	±40	+5 −27	+16 −36	+25 −56	+27 +4
>315~355 >355~400	0 −230	0 −360	0 −570	±12.5	±18	±28	±44	+7 −29	+17 −40	+28 −61	+29 +4
>400~450 >450~500	0 −250	0 −400	0 −630	±13.5	±20	±31	±48	+8 −32	+18 −45	+29 −68	+32 +5

注：JS5，JS8 为一般用途的公差带。

续表

单位：μm

公差带 公称尺寸/mm	k6	k7	M6	M7	M8	m5	m6	m7	N6	N7
≤3	+6 0	+10 0	−2 −8	−2 −12	−2 −16	+6 +2	+8 +2	+12 +2	−4 −10	−4 −14
>3～6	+9 +1	+13 +1	−1 −9	0 −12	+2 −16	+9 +4	+12 +4	+16 +4	−5 −13	−4 −16
>6～10	+10 +1	+16 +1	−3 −12	0 −15	+1 −21	+12 +6	+15 +6	+21 +6	−7 −16	−4 −19
>10～14 >14～18	+12 +1	+19 +1	−4 −15	0 −18	+2 −25	+15 +7	+18 +7	+25 +7	−9 −20	−5 −23
>18～24 >24～30	+15 +2	+23 +2	−4 −17	0 −21	+4 −29	+17 +8	+21 +8	+29 +8	−11 −24	−7 −28
>30～40 >40～50	+18 +2	+27 +2	−4 −20	0 −25	+5 −34	+20 +9	+25 +9	+34 +9	−12 −28	−8 −33
>50～65 >65～80	+21 +2	+32 +2	−5 −24	0 −30	+5 −41	+24 +11	+30 +11	+41 +11	−14 −33	−9 −39
>80～100 >100～120	+25 +3	+38 +3	−6 −28	0 −35	+6 −48	+28 +13	+35 +13	+48 +13	−16 −38	−10 −45
>120～140 >140～160 >160～180	+28 +3	+43 +3	−8 −33	0 −40	+8 −55	+33 +15	+40 +15	+55 +15	−20 −45	−12 −52
>180～200 >200～225 >225～250	33 +4	50 +4	−8 −37	0 −46	+9 −63	+37 +17	+46 +17	+63 +17	−22 −51	−14 −60
>250～280 >280～315	+36 +4	+56 +4	−9 −41	0 −52	+9 −72	+43 +20	+52 +20	+72 +20	−25 −57	−14 −66
>315～355 >355～400	+40 +4	+61 +4	−10 −46	0 −57	+11 −78	+46 +21	+57 +21	+78 +21	−26 −62	−16 −73
>400～450 >450～500	+45 +5	+68 +5	−10 −50	0 −63	+11 −86	+50 +23	+63 +23	+86 +23	−27 −67	−17 −80

续表

单位：μm

公差带 公称尺寸/mm	N8	n5	n6	n7	P6	P7	p5	p6	p7
≤3	−4 −18	+8 +4	+10 +4	+14 +4	−6 −12	−6 −16	+10 +6	+12 +6	+16 +6
>3~6	−2 −20	+13 +8	+16 +8	+20 +8	−9 −17	−8 −20	+17 +12	+20 +12	+24 +12
>6~10	−3 −25	+16 +10	+19 +10	+25 +10	−12 −21	−9 −24	+21 +15	+24 +15	+30 +15
>10~14 >14~18	−3 −30	+20 +12	+23 +12	+30 +12	−15 −26	−11 −29	+26 +18	+29 +18	+36 +18
>18~24 >24~30	−3 −36	+24 +15	+28 +15	+36 +15	−18 −31	−14 −35	+31 +22	+35 +22	+43 +22
>30~40 >40~50	−3 −42	+28 +17	+33 +17	+42 +17	−21 −37	−17 −42	+37 +26	+42 +26	+51 +26
>50~65 >65~80	−4 −50	+33 +20	+39 +20	+50 +20	−26 −45	−21 −51	+45 +32	+51 +32	+62 +32
>80~100 >100~120	−4 −58	+38 +23	+45 +23	+58 +23	−30 −52	−24 −59	+52 +37	+59 +37	+72 +37
>120~140 >140~160 >160~180	−4 −67	+45 +27	+52 +27	+67 +27	−36 −61	−28 −68	+61 +43	+68 +43	+83 +43
>180~200 >200~225 >225~250	−5 −77	+51 +31	+60 +31	+77 +31	−41 −70	−33 −79	+70 +50	+79 +50	+96 +50
>250~280 >280~315	−5 −86	+57 +34	+66 +34	+86 +34	−47 −79	−36 −88	+79 +56	+88 +56	+108 +56
>315~355 >355~400	−5 −94	+62 +37	+73 +37	+94 +37	−51 −87	−41 −98	+87 +62	+98 +62	+119 +62
>400~450 >450~500	−6 −103	+67 +40	+80 +40	+103 +40	−55 −95	−45 −108	+95 +68	+108 +68	+131 +68

注：当公称尺寸<1mm的直径，>8级的N不采用。

续表

单位：μm

公差带 公称尺寸/mm	R6	R7	r5	r6	r7	S6	S7	s5
≤3	−10 −16	−10 −20	+14 +10	+16 +10	+20 +10	−14 −20	−14 −24	+18 +14
>3～6	−12 −20	−11 −23	+20 +15	+23 +15	+27 +15	−16 −24	−15 −27	+24 +19
>6～10	−16 −25	−13 −28	+25 +19	+28 +19	+34 +19	−20 −29	−17 −32	+29 +23
>10～14 >14～18	−20 −31	−16 −34	+31 +23	+34 +23	+41 +23	−25 −36	−21 −39	+36 +28
>18～24 >24～30	−24 −37	−20 −41	+37 +28	+41 +28	+49 +28	−31 −44	−27 −48	+44 +55
>30～40 >40～50	−29 −45	−25 −50	+45 +34	+50 +34	+59 +34	−38 −54	−34 −59	+54 +43
>50～65	−35 −54	−30 −60	+54 +41	+60 +41	+71 +41	−47 −66	−42 −72	+66 +53
>65～80	−37 −56	−32 −62	+56 +43	+62 +43	+73 +43	−53 −72	−48 −78	+72 +59
>80～100	−44 −66	−38 −73	+66 +51	+73 +51	+86 +51	−64 −86	−58 −93	+86 +71
>100～120	−47 −69	−41 −76	+69 +54	+76 +54	+89 +54	−72 −94	−66 −101	+94 +79
>120～140	−56 −81	−48 −88	+81 +63	+88 +63	+103 +63	−85 −110	−77 −117	+110 +92
>140～160	−58 −83	−50 −90	+83 +65	+90 +65	+105 +65	−93 −118	−85 −125	+118 +100
>160～180	−61 −86	−53 −93	+86 +68	+93 +68	+108 +68	−101 −126	−93 −133	+126 +108
>180～200	−68 −97	−60 −106	+97 +77	+106 +77	+123 +77	−113 −142	−105 −151	+142 +122
>200～225	−71 −100	−63 −109	+100 +80	+109 +80	+126 +80	−121 −150	−113 −159	+150 +130
>225～250	−75 −104	−67 −113	+104 +84	+113 +84	+130 +84	−131 −160	−123 −169	+160 +140
>250～280	−85 −117	−74 −126	+117 +94	+126 +94	+146 +94	−149 −181	−138 −190	+181 +158
>280～315	−89 −121	−78 −130	+121 +98	+130 +98	+150 +98	−161 −193	−150 −202	+193 +170
>315～355	−97 −133	−87 −144	+133 +108	+144 +108	+165 +108	−179 −215	−169 −226	+215 +190
>355～400	−103 −139	−93 150	+139 +114	+150 +114	+171 +114	−197 −233	−187 −244	+233 +208
>400～450	−113 −153	−103 −166	+153 +126	+166 +126	+189 +126	−219 −259	−209 −272	+259 +232
>450～500	−119 −159	−109 −172	+159 +132	+172 +132	+195 +132	−239 −279	−229 −292	+279 +252

续表　　　　　　　　　　　　　　　　　　　　　　　　　　　　　　　　　单位：μm

公称尺寸/mm 公差带	s6	s7	T6	T7	t5	t6	t7
≤3	+20 +14	+24 +14	—	—	—	—	—
>3~6	+27 +19	+31 +19	—	—	—	—	—
>6~10	+32 +23	+38 +23	—	—	—	—	—
>10~14	+39 +28	+46 +28	—	—	—	—	—
>14~18							
>18~24	+48 +35	+56 +35	— -37 -50	— -33 -54	— +50 +41	— +54 +41	— +62 +41
>24~30							
>30~40	+59 +43	+68 +43	-43 -59	-39 -64	+59 +48	+64 +48	+73 +48
>40~50			-49 -65	-45 -70	+65 +54	+70 +54	+79 +54
>50~65	+72 +53	+83 +53	-60 -79	-55 -85	+79 +66	+85 +66	+96 +66
>65~80	+78 +59	+89 +59	-69 -88	-64 -94	+88 +75	+94 +75	+105 +75
>80~100	+93 +71	+106 +71	-84 -106	-78 -113	+106 +91	+113 +91	+126 +91
>100~120	+101 +79	+114 +79	-97 -119	-91 -126	+119 +104	+126 +104	+139 +104
>120~140	+117 +92	+132 +92	-115 -140	-107 -147	+140 +122	+147 +122	+162 +122
>140~160	+125 +100	+140 +100	-127 -152	-119 -159	+152 +134	+159 +134	+174 +134
>160~180	+133 +108	+148 +108	-139 -164	-131 -171	+164 +146	+171 +146	+186 +146
>180~200	+151 +122	+168 +122	-157 -187	-149 -195	+186 +166	+195 +166	+212 +166
>200~225	+159 +130	+176 +130	-171 -200	-163 -209	+200 +180	+209 +180	+226 +180
>225~250	+169 +140	+186 +140	-187 -216	-179 -225	+216 +196	+225 +196	+242 +196
>250~280	+190 +158	+210 +158	-209 -241	-198 -250	+241 +218	+250 +218	+270 +218
>280~315	+202 +170	+222 +170	-231 -263	-220 -272	+363 +240	+272 +240	+292 +240
>315~355	+226 +190	+247 +190	-257 -293	-247 -304	+293 +268	+304 +268	+325 +268
>355~400	+244 +208	+265 +208	-283 -319	-273 -330	+319 +294	+330 +294	+351 +294
>400~450	+272 +232	+295 +232	-317 -357	-307 -370	+357 +330	+370 +330	+393 +330
>450~500	+292 +252	+315 +252	-347 -387	-337 -400	+387 +360	+400 +360	+423 +360

续表

单位：μm

公差带 公称尺寸/mm	U7	u6	u7	v6	x6	y6	z6
≤3	−18 −28	+24 +18	+28 +18	—	+26 +20	—	+32 +26
>3~6	−19 −31	+31 +23	+35 +23	—	+36 +28	—	+43 +35
>6~10	−22 −37	+37 +28	+43 +28	—	+43 +34	—	+51 +42
>10~14	−26	+44	+51	—	+51 +40	—	+61 +50
>14~18	−44	+33	+33	+50 +39	+56 +45	—	+71 +60
>18~24	−33 −54	+54 +41	+62 +41	+60 +47	+67 +54	+76 +63	+86 +73
>24~30	−40 −61	+61 +48	+69 +48	+68 +55	+77 +64	+88 +75	+101 +88
>30~40	−51 −76	+76 +60	+85 +60	+84 +68	+96 +80	+110 +94	+128 +112
>40~50	−61 −86	+86 +70	+95 +70	+97 +81	+113 +97	+130 +114	+152 +136
>50~65	−76 −106	+106 +87	+117 +87	+121 +102	+141 +122	+163 +144	+191 +172
>65~80	−91 −121	+121 +102	+132 +102	+139 +120	+165 +146	+193 +174	+229 +210
>80~100	−111 −146	+146 +124	+159 +124	+168 +146	+200 +178	+236 +214	+280 +258
>100~120	−131 −166	+166 +144	+179 +144	+194 +172	+232 +210	+276 +254	+332 +310
>120~140	−155 −195	+195 +170	+210 +170	+227 +202	+273 +248	+325 +300	+390 +365
>140~160	−175 −215	+215 +190	+230 +190	+253 +228	+305 +280	+365 +340	+440 +415
>160~180	−195 −235	+235 +210	+250 +210	+277 +252	+335 +310	+405 +380	+490 +465
>180~200	−219 −265	+265 +236	+282 +236	+313 +284	+379 +350	+454 +425	+549 +520
>200~225	−241 −287	+287 +258	+304 +258	+339 +310	+414 +385	+499 +470	+604 +575
>225~250	−267 −313	+313 +284	+330 +284	+369 +340	+454 +425	+549 +520	+669 +640
>250~280	−295 −347	+347 +315	+367 +315	+417 +385	+507 +475	+612 +580	+742 +710
>280~315	−330 −382	+382 +350	+402 +350	+457 +425	+557 +525	+682 +650	+822 +790
>315~355	−369 −426	+426 +390	+447 +390	+511 +475	+626 +590	+766 +730	+936 +900
>355~400	−414 −471	+471 +435	+492 +435	+566 +530	+696 +660	+856 +820	+1 036 +1 000
>400~450	−467 −530	+530 +490	+553 +490	+635 +595	+780 +740	+960 +920	+1 140 +1 100
>450~500	−517 −580	+580 +540	+603 +540	+700 +660	+860 +820	+1 040 +1 000	+1 290 +1 250

极限与配合新旧标准术语对照表

序号	GB/T1800.1‑2009	GB/T1800.1‑1997、GB/T1800.2‑1998、GB/T1800.3‑1998
1	公称尺寸	基本尺寸
2	上极限尺寸	最大极限尺寸
3	下极限尺寸	最小极限尺寸
4	上极限偏差	上偏差
5	下极限偏差	下偏差
6	实际(组成)要素	实际尺寸
7	提取组成要素的局部尺寸	局部实际尺寸

位公差新旧标准术语对照表

序号	GB/T1182‑2008	GB/T1182‑1996
1	几何公差	形状和位置公差
2	方向公差	定向公差
3	位置公差	定位公差
4	导出要素	中心要素
5	组成要素	轮廓要素
6	提取要素	测得要素
7	轴向圆跳动公差	端面圆跳动公差
8	轴向全跳动公差	端面全跳动公差

参 考 文 献

［1］ 石岚.公差配合与测量技术[M].上海:复旦大学出版社,2012.
［2］ 冯丽萍.公差配合与测量技术[M].北京:机械工业出版社,2009.
［3］ 机械工业部统编.公差配合与测量[M].北京:机械工业出版社,2007.
［4］ 祁红志.机械制造基础[M].北京:电子工业出版社,2006.
［5］ 张国文,吴安德.机械制造基础[M].北京:人民邮电出版社,2006.
［6］ 姜明德,杨福泉.公差配合与技术测量[M].长沙:湖南科学技术出版社,2008.
［7］ 胡瑢华.公差配合与测量[M].北京:清华大学出版社,2010.
［8］ 朱超,段玲.互换性与零件几何量检查[M].北京:清华大学出版社,2009.

图书在版编目(CIP)数据

公差配合与测量技术/石岚主编. —上海：复旦大学出版社，2021.1(2025.1重印)
职业教育21世纪规划教材
ISBN 978-7-309-15514-3

Ⅰ.①公…　Ⅱ.①石…　Ⅲ.①公差-配合-高等职业教育-教材 ②技术测量-高等职业教育-教材　Ⅳ.①TG801

中国版本图书馆 CIP 数据核字(2021)第 023489 号

公差配合与测量技术
石　岚　主编
责任编辑/张志军

复旦大学出版社有限公司出版发行
上海市国权路 579 号　邮编：200433
网址：fupnet@ fudanpress. com　http：//www.fudanpress.com
门市零售：86-21-65102580　　团体订购：86-21-65104505
出版部电话：86-21-65642845
上海崇明裕安印刷厂

开本 787 毫米×1092 毫米　1/16　印张 15.5　字数 348 千字
2025 年 1 月第 1 版第 10 次印刷

ISBN 978-7-309-15514-3/T·691
定价：46.00 元

如有印装质量问题,请向复旦大学出版社有限公司出版部调换。
版权所有　侵权必究